# 食農の匠
# 東京農大魂

逸品堂 シリーズ❷

東京農大校友会編
東京農大出版会

# はしがき

　東京農業大学は、世田谷キャンパス、神奈川県・厚木キャンパス、北海道・網走のオホーツクキャンパスの3キャンパスがあり、6学部22学科、大学院2研究科19専攻に約1万3000人が学ぶ、我が国農学系最大の大学です。

　初代学長の横井時敬博士は「稲のことは稲にきけ、農業のことは農民にきけ」という言葉を学生に残しました。世の中の実際から学ぶ「実学主義」を唱え、「実学」を教育・研究の基本としているのが東京農大の特徴です。

　また、横井博士が残した「人物を畑に還す」の言葉は、大学の建学の理念として、現在も脈々と受け継がれています。

　東京農大には、今日も全国各地の農業後継者となる子弟や就農を希望するサラリーマンの子弟などが学び、あらゆる農業分野に多くの学生が羽ばたき活躍していますので、全国各地の農村を歩きますと、東京農大の出身の農家（経営者）に出会うことが多々あります。

　東京農大を卒業して、第一次産業、とりわけ農業に従事した者（している者）の統計はありませんが、創立123年の歴史の中では相当の数に上るものと思われます。

　東京農業大学校友会では、「実学主義」に学んだ東京農大OBが様々な創意工夫により農業の「6次産業化」に取り組んでいる姿とその生産品を調査して、この度「食農の匠」として取りまとめられました。東京農大魂・逸品堂シリーズ①「醸す人」に続くシリーズ②です。

　本書に紹介する「食農の匠」は、OB経営者の僅か一握りでしかありませんが、多くの方々に東京農業大学の「食農の匠」を知って頂ければ幸いです。

　東京農業大学校友会からの出版・販売依頼のご厚意に心より感謝申し上げます。

平成27年1月
東京農大出版会

# 刊行にあたって

東京農業大学校友会会長 **三好吉清**

　ここに東京農大「食農の匠」を刊行することになりました。

　この冊子は、東京農業大学校友会が2013～14年度にかけて調査・編集したものであり、2013年6月に刊行した「醸す人」に続く、校友会発行のシリーズ図書です。

　東京農大は、昭和30年代までは大地主や篤農家達の子弟が進学し学ぶ大学といった家業「跡取り」的イメージが強い大学でしたが、今や女子学生が4割を超え、質実剛健の校風も様変わりしています。

　横浜の「タネ屋の倅（せがれ）」で長男・跡取りの私は、幼少より農家相手の家業継承の思いから、何のためらいもなく1957年4月に東京農大農学部農学科に進学しました。当時は全国各地から農家の子弟が集まり、まさに農業大学という風情が色濃い大学でした。

　1961年卒の同期生の多くは、卒業後には出身地に戻り、地域農業の担い手として、農業指導者として活躍し、御年75歳となる今も現役の「農業者」として頑張っている者も多くいます。

　現在、我が国農業は大きく様変わりしています。TPP議論など農業のグローバル化が叫ばれる中で、安全で安心な「食料」とその「自給率の確保」は、国民的な関心事となっていますが、東京農大で学んだ多くの卒業生たちは、昔も今も、全国各地で「農と食」に関係する分野で多様な活動を行い、生命産業としての食料・農業の生産を担っています。

　最近は農業経営の6次産業化への転換政策が推進され、新規学卒就農者や一般企業も数多く農業に参入しています。

　このような時代背景の中で東京農業大学校友会では、相当数に上ると想定される校友・卒業生が生産・製造、加工・販売している農産品を「東京農業大学ブランドの確立に関する調査＝農業の6次産業化に取り組むOB経営の現状と販売品調査＝」として調査し、卒業生の経営（生産販売

活動)支援を行うこととなりました。

　具体的には、卒業生の農産品・販売品を冊子刊行して広くPRするとともに「株式会社メルカード東京農大」など東京農業大学ベンチャー企業に「東京農大ブランド」として取り上げていただき、「東京農大マルシェ」等において、一般消費者への提供販売に結びつけていこうとするものです。

　校友会では、2013年6月から上記の調査をスタートいたしました。

　まず、校友会本部で調査票を作成し、農業の6次産業化に取り組まれているOB経営体の経営形態別リストの提供を都道府県支部にお願いしました。支部長・支部幹事長の方々には、管内のOB仲間を精力的に駆け回って聴き取りを行っていただきました。

　その結果、都道府県支部からは全体で102件の提供がありましたが、趣旨に合致しない事例やその後の詳細な調査にご協力頂けなかったものなどは残念ながら割愛することとなり、本書に収録した事例は68事例に留まりました。

　いずれにしましても、本書で紹介している事例は全国各地で農業経営に取り組まれているOB経営のほんの一握りにすぎませんが、校友の皆様には、ご旅行の際にはぜひとも東京農大「食農の匠」を訪れていただき、また、目移りしそうなこれらの逸品の数々をご自分用、ご贈答品として購入していただくなど、OB経営を側面的に支援していただければ幸いですし、この機に東京農業大学の一端を知っていただければと思っています。

　加えて、在学生には全国各地で先進的な経営に取り組んでいる先輩経営のところを訪ね、実習等を授かり、かつそれをモデルとして農業に参入・チャレンジするきっかけになればとも思います。

　校友会は、これからも都道府県支部と連携し、16万余名の校友のご理解を得つつ、卒業生の経済社会における活躍等をPRしていきたいと考えております。

　最後に、ご協力頂いた多くの農業経営者の皆様、食料環境経済学科の堀田和彦教授、校友会の小野甲二事務局長に感謝し、皆様には東京農大「食農の匠」の逸品がいかに美味かったか、ご一報いただければ幸いです。

## CONTENTS

### 農業経営における
### 6次産業化の現状と可能性 ……… 8

**巻頭特集**

農業生産法人(有)
**黒富士農場** ……… 12

有限会社
**安曇野ファミリー農産** ……… 16

## 各社紹介 ……… 20

### 東京農業大学ベンチャー企業
(株)メルカード東京農大 ……… 158
(株)東京農大バイオインダストリー ……… 162
(株)じょうえつ東京農大 ……… 166

■索引
商品名別 ……… 170
卒業年次別 ……… 178

# 農業経営における6次産業化の現状と可能性

## 1 日本農業の特徴と6次産業化の現状

　6次産業化とは、農畜産物、水産物の生産だけでなく、食品加工（第2次産業）や流通、販売（第3次産業）にも農業者が主体的かつ総合的に関わり、加工賃や流通マージンなどの今まで第2次・第3次産業の事業者が得ていた付加価値を、農業者自身が得ることによって農業を活性化させようというものである。

　しかし、現状では様々な地域で6次産業化のビジネスを起業しようと試みてもうまくいかない事例が多い。その理由は日本農業そのものの特徴に由来している。それは、農業、食品・外食企業、そして消費者に内在するミスマッチがその促進を大きく阻害しているからである（図1）。

　はじめに原料供給部門としての農業分野では、前述したように、これまで多くの農業地帯（産地）で加工用原料の生産ではなく、生鮮品をメインの品目として生産が推進されている。そのため、加工原料用の生産物

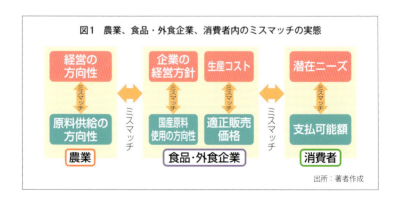

としては不向きな生産が多い。加工・外食部門においても、品質、量の安定は、原料利用として最も重視する項目であり、生鮮品には不向きの規格外品の原料利用は品質、量ともに安定せず、おのずと限界が存在している。

　一方、加工・外食企業部門では消費者のニーズにそった安定した品質の商品を、しかも消費者が購入可能な価格帯で供給することが基本的な経営方針となる。にも関わらず、国産農産物の原料利用はコスト（価格）、品質の両面で十分そのニーズを満たしていないケースが多い。さらに消費者においても、国産農産物を利用した加工品や外食食材を購入したいという潜在的ニーズは確かに高まってきている。しかし、それら商品の価格はどうしても相対的に割高であるし、安全性を重視して購入を決断する消費者層は一部に限られる。

## 2　6次産業化の成功・進化とはどういうものか

　農大の卒業生の中にはこのような阻害要因を克服し、本書に見られるように全国で6次産業化ビジネスに成功している事例が見られる。6次産業化ビジネスの進化においては、農商工間の連携による最終的ゴールが付加価値を持ち安定的に消費者、実需者に認知・購入される商品であることに疑う余地はないであろう。そのような付加価値を持つ商品開発のプロセスは、図2にあるように、当初は不安定な連携による商品化が想定される。たとえば生鮮品の規格外品の利用による品質、量の不安定な加工品の生産は常に加工業者を悩まし、時には連携を中断するような不安定な段階と言えよう。そして次の段階として、ひとまず連携が形成されるが、農業、食品・外食企業、そして消費者のすべてが満足するいわゆるwin-winな構造ではない、問題を内在したシンプルな連携が考えられる。さらに最終段階として、農業、食品・外食企業、消費者に内在するミスマッチを相互に検討し、知恵、知識を創出して相互にメリットのあ

る共創的な商品開発に至る段階が存在するように思われる。このような状況になれば、求める消費者層や消費者ニーズの限定、観光体験農園を通じての消費者の取り込み等を通じ、ニーズに沿った安定的な商品と原料供給を農商工間の知恵、知識の創出により達成した商品開発が進められ、付加価値の高い安定供給可能な段階が形成される。その際の知恵や知識の創出は農商工間だけでなく、大学等の研究機関や流通業者のサポートが重要となる。

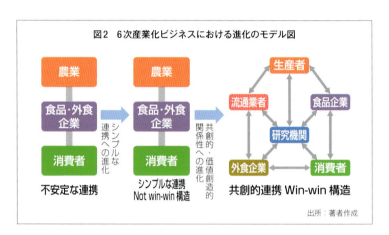

図2　6次産業化ビジネスにおける進化のモデル図

出所：著者作成

## 3　6次産業化によるビジネス成功の秘訣

　6次産業化ビジネスが一定の成功を挙げている農家には共通の特徴がある。そのひとつ農家の6次化ビジネス立ち上げに対する危機意識（必要性）がどこまで共有されているかである。次に重要な点は、6次化に関わる関係者が事業の成功に向けてフランクにとことん意見を交換し合える状況があるかどうかである。農家が自ら加工や販売に携わる場合も農家だけですべてが進められるわけではない。多くの関連業者との妥協のないフランクな議論がどこまでできるかが重要である。

加えて、このような6次産業化ビジネスにおいて、成長拡大を遂げているものには共通の発想がある。それはオープンイノベーションの発想に伴う連携の拡大の視点である。オープンイノベーションとは、「企業が保有技術を活用しようとする際に、社外のアイデアを社内のアイデアと同じように用いること、そして企業の境界線を越えてマーケットへと続く経路を用いることが可能であり、用いるべきであるという、概念的枠組」と言われている。農業分野と食品企業・観光業者等と連携し、新たな事業展開を行う場合、当然の事ながらそれは異業種同士の連携となる。それぞれの分野にある技術や未利用資源を分野横断的に有効活用する発想がなければ事業展開は望めない。そのような発想のもと、6次化ビジネスを成功させている本書の事例はまさに食農の匠と呼ぶことができる。

**巻頭特集❶**

# 農業生産法人㈲ 黒富士農場
くろふじのうじょう

## 自然と共生する「自然循環農場」を目指す経営

　山梨県甲斐市の黒富士農場は鶏を放し飼いにする平飼放牧で、日本でも数少ない有機JAS認定を受けた鶏卵を生産している。安全・安心にこだわり、飼料も無農薬無化学肥料で栽培されたものを使用。生協や有名ホテル等への販売に加え、鶏卵を使ったケーキの製造・販売を行う直売所を運営するなど、6次産業化に力を入れている。

　このような自然と共生する鶏卵生産の契機は経営主である向山氏が20代にオランダやデンマークなどの採卵鶏や養豚、野菜、果樹などの農家に滞在し、有機農業を学んだ点が大きい。大学卒業当初は父の後を継ぎ、昭和49年

〒400-1121
山梨県甲斐市上芦沢1316
TEL.055-277-0211  FAX.055-277-0298
http://www.kurofuji.com

**OB DATA**

## 向山 茂徳
代表取締役
農学部畜産学科
昭和48年卒

■ ルーツ産業

| 1次 | 鶏卵 |
| 2次 | 洋菓子製造 |
| 3次 | 直売・委託販売 |

■ 経営概要
創　業…1984年
経営内容…畜産(産卵鶏)、洋菓子製造、
　　　　　鶏卵と洋菓子の販売
経営農地面積…約15ha
家畜飼育規模…約76,000羽
従業員数…20名

に甲州市で4万羽を鶏舎で飼養し、昭和59年に大規模経営を目指し甲斐市の開拓地に入植、現在の黒富士農場を設立している。当時、約10万羽を高床式全自動鶏舎システムで飼養していたが、社会見学にきた小学生の女子児童に「鶏が狭いところに押し込められていてかわいそう」と言われたことにショックを受けた。「どうすれば鶏が幸せに育つのか」と考えさせられたこの出来事により、ケージ飼から平飼放牧への転換を決意したという。

　現在、全飼養頭数は7万6千羽(18棟)で、半数の3万8千羽(15棟)で平飼放牧を実施している。うち1棟では有機JAS認定した「リアルオーガニック卵」を生産し、残り14棟で「放牧卵」を生産している。鶏に与える配合飼料の原料は、

非遺伝子組み換えで無農薬栽培のトウモロコシと大豆を使用、さらに有機JAS認定を受ける鶏卵の場合、米国の有機栽培認定圃場に委託生産をおこない有機飼料を輸入し飼料として与え生産を行っている。また、未利用資源や履歴の明確な米ぬか、おから等を乳酸菌発酵させた飼料も与え（全飼料の約10％）、鶏の健康に気を配る細やかな鶏卵生産を行っている。

森と人をつなぐ循環農業にも取り組んでいる

生産された卵は生活クラブ生協と3店ある直売所を中心に、安全・安心を重視する消費者層への積極的な販売を行っている。また、平成7年より始めた直売所ではケーキ工房を併設し、新鮮な卵をふんだんに使ったバウムクーヘンやシフォンケーキ、シュークリームなど約20種類に上る商品など、6次産業化にも力を入れている。

このような黒富士農場の取り組みは日本における平飼い放牧、有機鶏卵生産のパイオニア的存在と言える。経営主（向山茂徳氏、昭48畜）だけでなく二人のご子息（洋平氏、平14応生、一輝氏、平16国経）も経営に参加しており、持続性のある優れた経営である。

今後は、採卵鶏の生産・販売に加え、農村の文化やライフスタイルを実体験できる「野の学校」を開講するなど、より一層、地域との交流を深め、農業の持つ本源的価値、農の楽しみなどを広めることにも力を注ぎたいという。

## 主要品目の紹介

### リアルオーガニック卵

30個 3,907円（送料込）

有機JAS認証を取得した90％以上が有機飼料のとうもろこしと大豆を与え、専用鶏舎で育てた鶏が産んだ安全な卵。

| 1 | 2 | 3 | 4 | 5 | 6 | 7 | 8 | 9 | 10 | 11 | 12 |
|---|---|---|---|---|---|---|---|---|----|----|----|

### 放牧卵

30個 2,920円（送料込）

遺伝子組み換えされていない安全な飼料に独自の発酵飼料を加えた餌を与えたこだわりの放牧卵。

| 1 | 2 | 3 | 4 | 5 | 6 | 7 | 8 | 9 | 10 | 11 | 12 |
|---|---|---|---|---|---|---|---|---|----|----|----|

### 森のバウムクーヘン

2個 2,626円（送料込）
※2個セットからの販売（1個756円）

放牧卵をたっぷりと使用した「たまご屋さん」特製のバウムクーヘン。

| 1 | 2 | 3 | 4 | 5 | 6 | 7 | 8 | 9 | 10 | 11 | 12 |
|---|---|---|---|---|---|---|---|---|----|----|----|

## 取扱販売店

**直売店「たまご村」敷島店**
〒400-0123
山梨県甲斐市島上条3103-2
TEL.055-230-9053
FAX.055-230-9054

［営業時間］
年間 9:00～17:30（定休1/1～1/3）

その他取扱販売店　「塩山店」TEL.055-332-0005、「甲府店」TEL.055-220-2505

## 巻頭特集❷

# 有限会社 安曇野ファミリー農産
あずみのふぁみりーのうさん

## 企業的なリンゴ作多角経営

　長野県安曇野市にある安曇野ファミリー農産は県最大の17haのリンゴ作経営を営む企業的農業法人である。経営主である中村隆宣氏は大学時代にオレゴン州の果樹農家で研修を受け、多くの従業員を雇いながら大規模な企業的農業経営を目の当たりにして深い感銘を受ける。大学卒業後、実家のリンゴ作兼業農家を継ぐかたちで本格的に農家をスタートさせる。就農当時（昭和57年）1.2haしかなかった経営面積はその後、離農者の農地を借り上げ10年後には2.8ha、法人を設立した平成9年には4.2haまで拡大し、現在の面積に至っている。従業員は現在役員（含む家族）4名、従業員13名、研修生1名、パート3～5名である。

〒399-8102
長野県安曇野市三郷温2280-3
TEL.0263-77-3853　FAX.0263-77-7272
E-mail : apple@anc-tv.ne.jp
http://www.anc-tv.ne.jp/~apple/index.html

**OB** DATA

## 中村 隆宣

農学部農学科
昭和57年卒

■ ルーツ産業

| | |
|---|---|
| 1次 | 果樹・野菜 |
| 2次 | ジュース・ジャムなどの製造 |
| 3次 | 卸小売・直売 |

■ 経営概要

創　業…1996年
経営内容…果樹、野菜畑
経営面積…16ha
役　員…4人
従業員数…13人

　中村氏はオレゴン州での研修をきっかけに世界中のリンゴ作経営を見たいと考え、その後アメリカ、オーストラリア、ルーマニア、南アフリカなど世界各国のリンゴ作経営を視察してきた。現在は多くのネットワークを形成しながら多種多様なリンゴ品種を栽培し、他のリンゴ作経営では見られない独自の生産・販売を行っている。栽培品種は「シナレッド」、「夏あかり」、「名月」など30品種にも及ぶ。特にオーストラリア生まれの「ピンクレディー®」は国内での商標管理も行い、県内のリンゴ生産者9名と「日本ピンクレディー協会」を設立して販売拡大を進めている。果樹作経営は収穫の時期が限られ、年間を通じての作業管理、収益確保が難しく、法人化している経営は少ない。そのような状況の中、大規模なリンゴ作法人経営として多様な生産・

販売に取り組み、全国的にも有数のリンゴ作法人経営であると言える。また、これまで多くの研修生や新規就農希望者を受け入れ、現在までに10人の就農希望者をリンゴ作農家として独立支援している。地域農業の担い手を育成するという大きな役割をはたすことも使命のひとつと考えている。

　安曇野ファミリー農産で生産されたリンゴは直売（約2000人に毎年商品パンフレットを配布）やオーナー制（約200名）による観光農園、JAへの販売、長野県内だけでなく都内の洋菓子店等への加工用食材としての販売など、多様な6次化ビジネスを実現している。加工品として「ピンクレディー® ジュース」や「オリジナルリンゴジャム」などを自社店舗や近隣の直売所でも販売している。多種多様な品種のリンゴ生産は様々な洋菓子店や海外赴任経験者で外国産のリンゴを食べたい消費者のニーズ等にも応え、多くの品種が生産と同時に即売され品薄の状況である。

　今後は法人経営として売上高の上昇を目指しながら、法人経営としての体質の強化、強い経営体作りを図りたいと考えている。また、安曇野地区のリンゴ部会の部会長として同地区にあるリンゴ作経営（総面積約300ha）の存続方法を新規就農経営者や地元農家とともに検討している。特にTPPなど、より一層の市場開放は今後も避けられないものと捉え、世界と渡り合える農業を追及していく方針である。

## 主要品目の紹介

### シナノスイート

1kg 300円〜(目安)

「ふじ」と「つがる」の交配種で、長野県オリジナル品種のりんご。果汁が多く、糖度は14〜15%ながら酸味が穏やかなため、柔らかい甘みが前面に感じられる味わいで人気。10月には農園でもぎとりもできます。

| 1 | 2 | 3 | 4 | 5 | 6 | 7 | 8 | 9 | 10 | 11 | 12 |
|---|---|---|---|---|---|---|---|---|---|---|---|
|   |   |   |   |   |   |   |   |   | ● |   |   |

### ピンクレディー®

1kg 400円〜(目安)

オーストラリアで「レディーウィリアムス」と「ゴールデンデリシャス」の交配により生まれた、日本では珍しいりんご。日本はまだ5000株の苗木しか植えられていないため、希少性が高い。当社では1500株植付けています。

| 1 | 2 | 3 | 4 | 5 | 6 | 7 | 8 | 9 | 10 | 11 | 12 |
|---|---|---|---|---|---|---|---|---|---|---|---|
| ● | ● | ● | ● | ● |   |   |   |   |   |   | ● |

### りんごジュース

1,000ml 600〜800円

紅玉、サンふじ、ピンクレディーなど、農園で収穫されたりんごをふんだんににつかった果汁100%のジュース。贅沢な味わい。

| 1 | 2 | 3 | 4 | 5 | 6 | 7 | 8 | 9 | 10 | 11 | 12 |
|---|---|---|---|---|---|---|---|---|---|---|---|
| ● | ● | ● | ● | ● | ● | ● | ● | ● | ● | ● | ● |

## 取扱販売店

**有限会社安曇野ファミリ　農産ナカムラフルーツ農園**

〒399-8102
長野県安曇野市三郷小倉
TEL.090-3585-1539(中村隆宜)
E-mail　nakayoko.golomgo1211@ezweb.ne.jp

[営業時間]
8:00〜17:00(8〜12月)

**その他取扱販売店**　道の駅「ほりがね物産センター」安曇野みさと「サラダ市」

# 各社紹介

## 北海道・東北

| 北海道 | (有)澤田農場 | 22 |
| | (同)大地のりんご | 24 |
| | 前田農産食品(資) | 26 |
| 青森県 | 鳥谷部養蜂場 | 28 |
| 岩手県 | (有)一関ミート | 30 |
| | 大和造園土木(株) | 32 |
| | 藤原養蜂場 | 34 |
| 福島県 | 会津娘 髙橋庄作酒造店 | 36 |

## 関東

| 茨城県 | 潮田農園 | 38 |
| | (有)大地 | 40 |
| | ファーム大畑 | 42 |
| | 丸太園 | 44 |
| 栃木県 | (有)ココ・ファーム・ワイナリー | 46 |
| 群馬県 | グローバルビッグファーム(株) | 48 |
| | (株)針塚農産 | 50 |
| 埼玉県 | (株)あらい農産 | 52 |
| | いるま野銘茶企業組合 | 54 |
| 千葉県 | JBK FARM | 56 |
| | ファームリゾート鶏卵牧場 | 58 |
| 東京都 | たまご工房うえの | 60 |
| | (株)フィオ | 62 |
| 神奈川県 | 澤地農園 | 64 |
| | 渋谷園芸 | 66 |
| | 松本農園 | 68 |

## 甲信・北陸・東海

| 新潟県 | (有)上野新農業センター | 70 |
| | (株)曽我農園 | 72 |
| | タカツカ農園 | 74 |
| | (有)農園ビギン | 76 |
| 石川県 | ぶどうやさん・西村 | 78 |
| | (有)ほんだ | 80 |
| | (株)マルガー | 82 |
| | (有)本葡萄園 | 84 |
| 福井県 | 朝日農友農場 | 86 |
| 山梨県 | あんぽ柿作業所(小野様宅) | 88 |

| 地域 | 県 | 事業者 | ページ |
|---|---|---|---|
| 甲信・北陸・東海 | 長野県 | 奥野田葡萄酒醸造(株) | 90 |
| | | 五味醤油(株) | 92 |
| | | (有)萩原フルーツ農園 | 94 |
| | | ふじもと農園 | 96 |
| | | 農事組合法人アグリコ | 98 |
| | | 一柳 徳行 | 100 |
| | | 虎岩旬菜園 | 102 |
| | | (有)ハヤシファーム | 104 |
| | | 藤澤醸造(株) | 106 |
| | 静岡県 | かしまハーベスト | 108 |
| | | 川村農園 | 110 |
| | | (有)スウィートメッセージやまろく | 112 |
| | | 谷野ファーム | 114 |
| | | (有)山二園 | 116 |
| | | わさびの大見屋 | 118 |
| 近畿・中四国 | 兵庫県 | 工房あか穂の実り | 120 |
| | 奈良県 | (有)とぐちファーム | 122 |
| | 和歌山県 | ほりぐち農園 | 124 |
| | 島根県 | (有)やさか共同農場 | 126 |
| | 岡山県 | レッドライスカンパニー(株) | 128 |
| | 広島県 | 阿部農園 | 130 |
| | | 長畠農園 | 132 |
| | | 馬舩とまとファミリー | 134 |
| | 高知県 | (株)戸梶 | 136 |
| 九州・沖縄 | 福岡県 | (有)緑の農園 | 138 |
| | 佐賀県 | 白浜農産 | 140 |
| | 大分県 | (株)ドリームファーマーズ | 142 |
| | | (株)欠野農園 | 144 |
| | 鹿児島県 | (有)勝目製茶園 | 146 |
| | | (有)宮原製茶工場 | 148 |
| | 沖縄県 | 農業生産法人(株)ぱるず | 150 |
| | | やんばる物産(株) | 152 |

# 01 北海道 有限会社 澤田農場

〒099-4401 北海道斜里郡清里町上斜里40番地　TEL.0152-25-3698
E-mail：ring@ruby.plala.or.jp　http://kiyosatoweb.web.fc2.com

## OB DATA

**澤田 篤史**
取締役
生物産業学部 産業経営学科
平成10年卒

■ ルーツ産業
- 1次：畑作(大豆)畜産(和牛)
- 2次：味噌・豆腐・惣菜
- 3次：マルシェ

■ 経営概要
創　業…2005年
経営内容…畑作、畜産
経営面積…畑作80ha、
　　　　　採草地13ha
家畜飼養規模…140頭
従業員数…6名

## "畑から食卓まで"を目指して 三代目が6次産業化に本格的に着手

60年以上の歴史を持つ澤田農場は、約30年前から肥育牛の飼育、約15年前から北海道の寒冷地でも育つ大豆「ユキホマレ」の栽培を開始。3代目となる篤史氏は、フェイスブックなどのSNSも使いながら、6次産業をアピールしている。畑から食卓までを一貫して捉える「新世代の視点」から、消費者の感性に訴えかけ、感動を引き起こす新しい味づくりを目指している。"地産地消"を目指す篤史氏は、清里町で取り組むオホーツクの食のPRを担うメンバーにも参画。篤史氏の母考案の自然発酵で時間をかけて熟成し作り上げた「農家の手造り味噌」を始め、北海道オホーツクの地豆腐、厚揚げなど、牛肉や大豆、米、といった本業で手がける農産物を使った製品作りを積極的に行っている。

従業員のみなさん

### アピールPOINT

自分たちの畑で採れた大豆を使用し、母が以前から自宅用に作っていた澤田家自慢の味噌を「きちんと加工して、多くの人に食べてもらいたい」という思いから製品化したのが、オホーツクの厳しい気候に耐えた大豆で、麹から手作りし、今や看板商品でもある「農家の手造り味噌」です。世代交代にあたり農業の第一線を退いた親世代に、新しい何かにチャレンジしてもらいたい、という思いもこもっています。

澤田篤史 取締役

## 主要品目の紹介

### 和牛肉味噌

1瓶120g 750円

経産和牛肉とオホーツクの野菜で作ったご飯にのせる、おかずみそです。自家製の手作り味噌に加えて、オホーツクのホタテ、金時豆、経産和牛肉を熟成させた豆板醤「金時醤」(きんとき)を使用し、旨みは抜群に濃厚。

| 1 | 2 | 3 | 4 | 5 | 6 | 7 | 8 | 9 | 10 | 11 | 12 |
|---|---|---|---|---|---|---|---|---|----|----|----|

### 農家の手造味噌

500g 540円

自家産を含む地元産の規格外大豆と北海道産の米を使った、信州味噌タイプの手作り味噌。甘みがあって風味もよい、すべてを手作りにこだわった農家ならではの味。

| 1 | 2 | 3 | 4 | 5 | 6 | 7 | 8 | 9 | 10 | 11 | 12 |
|---|---|---|---|---|---|---|---|---|----|----|----|

### 「てづくりゆきむすめ」とうふ

500g 500円

寒冷地品種の大豆「ユキホマレ」とオホーツク海の粗製天然にがりで作られた、北海道オホーツクならではの地豆腐。清里町の「道の駅パパスランドさっつる」に、週末のみの販売。

| 1 | 2 | 3 | 4 | 5 | 6 | 7 | 8 | 9 | 10 | 11 | 12 |
|---|---|---|---|---|---|---|---|---|----|----|----|

## 取扱販売店

**むくげ大塚 直売所**
〒099-4401 北海道斜里郡清里町字上斜里223番地　TEL.0152-25-3704　FAX.0152-25-3704
[営業時間] 9:00～16:00(6月～10月営業)

**道の駅パパスランドさっつる**
〒099-4521 北海道斜里郡清里町字神威1071番地　TEL.0152-26-2288　FAX.0152-26-7722
http://www.papasland-satturu.com
[営業時間] 9:00～21:00

その他取扱販売店　「フーズバラエティすぎはら」札幌市中央区宮の森1条9丁目3-13　TEL.011-642-7937
　　　　　　　　　「ホクレンくるるの杜」北広島市大曲377-1　TEL.011-377-8700

# 02 北海道
## 合同会社 大地のりんご

〒093-0035 北海道網走市駒場南2-8-12　TEL.0152-46-2260
E-mail : daichinorin5hokkaido@yahoo.co.jp　http://daichinorin5.namaste.jp

**OB DATA**
道山 マミ
代表社員
生物産業学部食品科学科
平成5年卒

■ルーツ産業
- 1次：山わさび・大根・ニンジン
- 2次：加工・製造
- 3次：販売

■経営概要
- 創　業…2011年
- 経営内容…農産物加工
- 経営面積…(契約農家)16ha
- 従業員数…5名

## オホーツクを活性化させたい
## 漬物日本一を決める全国大会でグランプリ

　第1次産業の人・物・情報をつなぐ仕事をしたい。それが「大地のりんご」の信条だ。フランス語でじゃがいもをポム・ド・テールというが、これを直訳したのが会社名になっている。北海道の東に位置するオホーツク地域は、生産品に恵まれながら農産加工施設が不足していることから、なかなか地場製造の商品を生み出せていないという状況がある。代表社員の道山氏は農大を卒業後、恩師から北海道オホーツクキャンパスでのベンチャー企業（現・東京農大バイオインダストリー）の立ち上げに携わらないかと誘いを受け、北海道に移住し2年後に独立した。現在では無添加手作りで加工した「ガツンと辛い山わさび粕漬け」で全国最高グランプリを獲得。その後6次産業化のプランナーを務めるなど、その成果は実り始めている。

山わさび収穫風景

### アピールPOINT

　漬物日本一を決める「T-1グランプリ」で、「大地のりんご」の「ガツンと辛い山わさび粕漬け」が初代グランプリに輝きました。地元で獲れた山わさびの未利用資源であった細い側根を使い、規格外の野菜を活用した商品で、「野菜の無駄をなくす郷土料理」がコンセプト。「北海道の大地の味がする」「パンにも合う」と高い評価を得ました。「大地のりんご」では今後もオホーツクの味を全国に届けたいと思っています。

道山マミ 代表

## 主要品目の紹介

### ガツンと辛い山わさび粕漬け

120g 620〜780円

全国の98％の生産シェアを占める特産品の山わさび(西洋わさび)をたっぷり使用し、ガツンと辛い山わさびの爽快な辛さと、オホーツク産野菜のバリバリとした漬物の食感が楽しめる粕漬け。酒粕も道産酒用米"吟風"を使った金滴酒造の粕を使用。旨みと辛さが絶品。

| 1 | 2 | 3 | 4 | 5 | 6 | 7 | 8 | 9 | 10 | 11 | 12 |
|---|---|---|---|---|---|---|---|---|---|---|---|

だしの旨みで めしあがれ

### ガツンと辛いぶっかけいくら山わさび

90g 780〜850円

ガツンと辛いシリーズの第2弾。一番下に天然のモズク、その上に白だしで漬けた山わさびと長芋、きゅうり、一番上に醤油漬けした知床産のイクラを3層で瓶詰したぶっかけタイプの漬物。お蕎麦やお豆腐に！

| 1 | 2 | 3 | 4 | 5 | 6 | 7 | 8 | 9 | 10 | 11 | 12 |
|---|---|---|---|---|---|---|---|---|---|---|---|

### ガツンと辛い山わさび醤油漬け

100g 620〜780円

北見市常呂町産の山わさびをすり下ろして醤油漬けに。山わさびをしっかりすりおろしたガツンとくる辛さは、アツアツのご飯やおひたしにピッタリ！お肉や揚げ物にも！

| 1 | 2 | 3 | 4 | 5 | 6 | 7 | 8 | 9 | 10 | 11 | 12 |
|---|---|---|---|---|---|---|---|---|---|---|---|

## 取扱販売店

**合同会社大地のりんご**

〒099-3111
北海道網走市字藻琴31番地2号
TEL.0152-46-2260
FAX.0152-46-2260
http://daichinorin5.namaste.jp

[営業時間]
9：00〜17：00 (土日・祝日定休)

その他取扱販売店　「北海道産品アンテナショップ」「どさんこプラザ」「オホーツク管内の道の駅」年に2〜3回の首都圏で行われる北海道展(百貨店)

# 03 北海道

## 前田農産食品合資会社

〒089-3308 北海道中川郡本別町弥生町27-1　TEL.0156-22-8680　FAX.0156-22-0015
E-mail：info@co-mugi.jp　http://www.co-mugi.jp

**OB DATA**

前田 茂雄
専務取締役
農学部農業経済科
平成9年卒

■ ルーツ産業
- 1次：小麦栽培
- 2次：小麦加工品製造

■ 経営概要
- 創　業…1951年
- 経営内容…畑作
- 経営面積…116ha
- 従業員数…5名

## もっと北海道の小麦を食べて、笑顔になって欲しい！ パン作りに適した5種類の小麦を生産

東京農大卒業後、テキサスA&M州立大学、アイオワ州立大学で米国の大規模農業経営を学んだ茂雄氏は、満を持して、1999年に4代目として就農した。開墾から115年。比較的降水量が少なく、雪が少ない、太陽に恵まれた北海道十勝地方本別町で「お客様と共に種を撒き、畑から日本の食を創造します」をモットーに、さらに100年続く農業を目指して日々邁進している。主力生産品は、土作りからこだわった小麦。「小麦畑からメイド・イン・ジャパン!!をパン屋さんたちと創る」を掲げ、バラエティ豊かな5つの品種をセレクトし栽培、収穫。調整、委託製粉し"顔の見える小麦"として販売している。近年ではポップコーンの栽培にも挑戦。前田農産の、新たな主力生産品となる日も近そうだ。

2013年春よ恋の収穫時のスタッフ一同

### アピールPOINT

主力の小麦5種類は、「ゆめちから」「キタノカオリ」「春よ恋」「はるきらり」「きたほなみ」は、全国のベーカリーや菓子店で使用されています。また、土壌研究グループSRUの一員であり、全畑の土壌サンプルを採取し、専門機関にて分析して、適正な施肥を行い、無駄なく、微生物の住み心地の良い土作りをしています。

前田茂雄 専務

## 主要品目の紹介

### パン・お菓子用小麦

**ゆめちから**
パン用強力粉
秋まき品種で、春まきのようなヒゲが付いてあり、収穫期には美しい濃い黄金色に色づく。タンパク質含量、製パン性が高く、ブレンドすることで、「きたほなみ」をパン用に転用することができ、国内産小麦の用途、消費拡大に寄与する注目の品種。

**春よ恋**
パン用強力粉
しっかりと膨らみ、ふっくらモチモチのパンが焼ける。小麦の自然な甘さが特徴で、パン用粉の中では一番人気が高い。ホームベーカリーでも美味しいパンが出来上がる。

**キタノカオリ**
パン用強力粉
小麦の芳醇な香りが特徴の品種で、クリーム色の粉色も魅力。モッチモチのパンが焼けるとファンから絶大の人気で、ホームベーカリーにも適している。

**はるきらり**
パン用強力粉
作業性に優れ、捏ねるとすぐに滑らかな生地になる。あっさりとした味で、素材の味を活かせるため、菓子パンや食事パンにも向いている。北海道内では耕作面積が少なく、稀少な品種となっている。

**きたほなみ**
菓子・麺用中力粉
パウンドケーキ、クッキーなどの菓子に加工すると、しっとりとしているのにホロリと軽やかな食感が楽しめる。製めん性が高く、色がきれいなうどんが出来上がる。

### 取扱販売店

**パンとお菓子の材料と道具の店 mix&mix（ミックスアンドミックス）**
〒192-0081東京都八王子市横山町18-7アーバンデュオ102
フリーダイヤル 0120-392-804
FAX.042-623-3055
[営業時間] 10：00～19：00 毎週日曜定休日

**道の駅 ステラ☆ほんべつ**
〒089-3334北海道中川郡本別町北3-1-1
TEL.0156-22-5819
FAX.0156-28-0808
[営業時間] 9:00～19:00（5～9月）
　　　　　 9:00～18:00（10～4月）

# 04 鳥谷部養蜂場

青森県

〒039-1504 青森県三戸郡五戸町字兎内20　TEL.0178-62-2383　FAX.0178-62-2383
E-mail : toriyabe-yoho@hotmail.co.jp　http://www.umai-aomori.jp/know/sanchi-report/59.phtml

## OB DATA

**鳥谷部 良作**
農学部農芸化学科
平成8年卒

■ ルーツ産業
- 1次　畜産（養蜂）
- 2次　蜂蜜・蜂蜜加工品
- 3次　直売・委託販売

■ 経営概要
経営内容…養蜂
飼養規模…500群
従業員数…6名

## 自然のすべてを生かして営む自然循環型産業
## ハチとふるさとへの感謝を込めて日々精進

　本州最北県、青森県の南東部に位置し、町の総面積の約半分を森林が占めている森の町、五戸町。この地で百年余りにわたって純国産蜂蜜を採り続けているのが鳥谷部養蜂場だ。年間約4万tといわれる蜂蜜の国内市場において国産は6～7％と少なく、国内の養蜂家は5000に満たない中、鳥谷部養蜂場で

作業風景

はさらに希少な「完熟蜂蜜」にこだわっている。完熟とは、ミツバチが採取してきた蜜を、ミツバチ自身の体内酵素の働きやハチの習性により糖度を高めたもの。蜜ろう（ハチが蜜を蓄えるために防水性の巣を作るときに腹部から分泌する"ろう"）をこそげとる作業を始め、重労働を要する。そうやって採れた糖度の高い蜂蜜と、蜜蜂が作り出すローヤルゼリーやプロポリス、蜜ろうキャンドルなどを製造・販売している。

### アピールPOINT

　大学を卒業後、青森へ帰省し曽祖父の代から100年余り続く養蜂業を継ぎました。"自然""ミツバチ"を愛し、安心・安全はもとよりお客様の信頼を大切に「蜂蜜」「ローヤルゼリー」その他の蜂産品を採蜜、販売しております。特に十和田湖、奥入瀬渓流で採れた「栃蜜」はコクのある甘さで大好評をいただいております。

鳥谷部 良作氏

## 主要品目の紹介

### 栃蜂蜜
250g 800円

十和田湖畔・奥入瀬渓流沿いにて採蜜し、丁寧に完熟させた人気商品。

### あかしや蜂蜜
250g 900円

秋田県大館市小坂町にて採蜜。クセのないやさしい甘さが特徴。

### 生ローヤルゼリー
100g 13,000円

五戸町にて採集された希少価値の高いローヤルゼリー。自然が生んだ奇跡の健康食品。

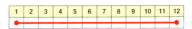

## 取扱販売店

**ふれあい市ごのへ**

〒039-1524
三戸郡五戸町豊間内地蔵平1-1059
TEL.0178-62-6962
http://www.town.gonohe.aomori.jp

［営業時間］
8:00〜18:00 (1/1〜1/3定休)

その他取扱販売店　「道の駅とわだ(十和田市)」「JA八戸 アグリマーケット八菜館」

北海道・東北

# 05 有限会社 一関ミート

岩手県

〒021-0902 岩手県一関市萩荘字要害230-1　TEL.0191-24-2687　FAX.0191-24-2634
E-mail : meat123@poplar.ocn.ne.jp　http://www2.ocn.ne.jp/~ichimeat

**OB DATA**

石川 聖浩
代表取締役社長
農学部畜産学科
平成元年卒

■ ルーツ産業
- 1次：養豚・稲作
- 2次：食肉加工（ハムソーセージ製造）
- 3次：直売・卸

■ 経営概要
創　業…1980年
経営内容…水田、畜産
経営面積…2.5ha
従業員数…15名

## 自社農場で育てた美味しい豚肉だけで作る 素材の美味しさを活かしたこだわりのハム

一関ミートは、岩手県一関市に本社工場とファームを構えるハムソーセージの大手。ハムソーセージの原料肉はすべて自社農場で生産している。衛生管理が行き届いた豚舎で、栄養のバランスに配慮した自家配合の飼料を使って育てた豚は健康そのもの。飼育する豚は、大ヨークシャー種、ラ

分娩舎ほ乳中

ンドレース種、デュロック種、バークシャー種（黒豚）の4種を中心に研究改良を重ねている。本場ドイツのマイスター称号を持つ石川聖浩氏が、じっくりと熟成した肉を、さらに薫り高い桜のスモーク材で燻煙し、味を風味を大切にしながら丁寧に作り上げる。マイスターは、食肉の知識や技術はもちろんのこと、経営学や後任者を育てる教育学も求められる第一人者の証だ。

### アピールPOINT

製造部に勤務する石川貴浩は2000年にドイツで念願の食肉加工マイスターを取得しました。本場ドイツには数百種類のハムソーセージがあり、同じ製品であっても製造したマイスターの個性があります。新鮮な原料をドイツの伝統製法を取り入れ、ひとつひとつ丹念に製造し、ドイツで学んだ技術を存分に活かせるよう、日々研鑽に励んでいます。

石川聖浩 社長

## 主要品目の紹介

### 豚肉(黄金こめ豚)各種

kg 当たり 1,620円より

自社農場で、当地方で栽培した飼料用米を配合し、自家配合飼料を与えて飼育した豚肉。脂身の旨みと口どけの良さが特徴。ユネスコ世界文化遺産「平泉」の黄金文化にちなんでネーミングした。

| 1 | 2 | 3 | 4 | 5 | 6 | 7 | 8 | 9 | 10 | 11 | 12 |
|---|---|---|---|---|---|---|---|---|---|---|---|

### ハムソーセージ各種

kg 当たり 2,800円より

自社農場でトウモロコシや飼料用米を原料に、栄養のバランスの整った自家配合飼料で飼育した豚を使用。ハム、ベーコン、ウィンナーなど、丁寧に作り上げた自慢の逸品。

| 1 | 2 | 3 | 4 | 5 | 6 | 7 | 8 | 9 | 10 | 11 | 12 |
|---|---|---|---|---|---|---|---|---|---|---|---|

## 取扱販売店

**有限会社一関ミート**

〒021-0902
岩手県一関市萩荘字要害230-1
TEL.0191-24-2687
FAX.0191-24-2634

[営業時間]
9:00～18:00(年末年始のみ休業)

**その他取扱販売店**　地元生協・産直施設・ホテル・飲食店など

北海道・東北

# 06 大和造園土木株式会社

岩手県

〒025-0046 岩手県花巻市鍋倉字地森7番地　TEL.0198-24-4888
E-mail：daiwa-zd@fancy.ocn.ne.jp　http://www.daiwak.co.jp/index.html

## OB DATA

**鎌田 定悦**
代表取締役
農学部造園学科
昭和52年卒

### ■ ルーツ産業
- 1次　ブルーベリー栽培
- 2次　加工・製造
- 3次　販売

### ■ 経営概要
創　業…1978年
経営内容…造園業
　　　　　ブルーベリー園
　　　　　加工品生産販売
経営面積…1.2ha
従業員数…15名

## 緑に囲まれた空間の中でやすらぎと憩いの場を提供する

"宮沢賢治の里"岩手県・花巻市にある「だいわブルーベリー園」は、「造園屋が始めた栽培園」というユニークな存在だ。その名の通り造園業を主体とする大和造園土木株式会社が、その造園技術、社内の人材、経営資源などを活かし、新分野への事業展開として2008年より"食の安全"に対応した無農薬有機栽培の観光園として運営している。庭園としての美しさが楽しめるのはもちろん、7～8月のシーズンには、30品種以上栽培しているブルーベリーをその場で摘み取って味わうことができる。また、自社で栽培したブルーベリーの加工品（ジャム、ジュース、ワインなど）の販売にも力を入れ、岩手県産ブルーベリーの需要拡大にも一役買っている。

ワイン・ジュース発表会

### アピールPOINT

お客様の心に「うるおい」と「やすらぎ」を提供することを会社の理念としております。緑に囲まれた空間の中でやすらぎと憩いを堪能していただき、ブルーベリーの摘み取りを楽しんでいただいております。お土産用として生食用ブルーベリーの他にオリジナルブルーベリージャム、"賢治の特産品として"宮沢賢治からイメージしたワイン「ゴーシュの水車小屋で」、ジュース「かぷかぷブルーベリー」も販売しております。

鎌田定悦 代表

## 主要品目の紹介

### ブルーベリージャム(100%)

140g 600円

無農薬有機栽培のブルーベリーを100％使用した無添加ジャム。口に入れると広がる自然の甘酸っぱさは、トースト、クッキー、ヨーグルトなどをよりゴージャスな一品に変身させる。

| 1 | 2 | 3 | 4 | 5 | 6 | 7 | 8 | 9 | 10 | 11 | 12 |
|---|---|---|---|---|---|---|---|---|----|----|----|

### ブルーベリーワイン「ゴーシュの水車小屋で」

アルコール分 9.5% 500ml 2,400円

岩手県産のブルーベリーを100％使用したワイン。ブルーベリー特有のさわやかな香りと酸味の調和がとれたやや甘口。セロ弾きのゴーシュが奏でる「第六交響曲」を聴きながら、くつろぎの一杯を。

| 1 | 2 | 3 | 4 | 5 | 6 | 7 | 8 | 9 | 10 | 11 | 12 |
|---|---|---|---|---|---|---|---|---|----|----|----|

### ブルーベリージュース「かぷかぷブルーベリー」

500ml 1,500円

岩手県産のブルーベリーを100％使用した濃厚なジュース。岩手の大地と太陽が育んだブルーベリーの甘酸っぱさがお口いっぱいに広がる、さわやかな味わい。お好みで炭酸水で薄めても美味しい。

| 1 | 2 | 3 | 4 | 5 | 6 | 7 | 8 | 9 | 10 | 11 | 12 |
|---|---|---|---|---|---|---|---|---|----|----|----|

ブルーベリーワイン
「ゴーシュの水車小屋で」

ブルーベリージュース
「かぷかぷブルーベリー」

## 取扱販売店

**だいわブルーベリー園**
〒025-0046
岩手県花巻市鍋倉字地森7番地
TEL.0198-24-4888
FAX.0198-22-6414
http://www.daiwabb.com
[開園期間]
7月10日～8月中旬
[営業時間]
9:00～17:00（受付終了 16:00）

岩手県

その他取扱販売店　「もりおか歴史文化館」

北海道・東北

## 07 岩手県

### 創業一世紀 蜂蜜生産元 藤原養蜂場

〒020-0886 岩手県盛岡市若園町3-10　TEL.019-624-3001
E-mail：fujiwarayohojo@fujiwara-yoho.co.jp　http://www.fujiwara-yoho.co.jp

**OB DATA**

藤原 誠太
専務取締役・場長
農学部農業拓殖学科
昭和56年卒

■ ルーツ産業
- 1次　養　蜂
- 2次　加工・製造
- 3次　販　売

■ 経営概要
- 創　業…1901年
- 経営内容…養蜂
- 経営面積…0.5ha
- 従業員数…50名

## 創業113年、すべてを養蜂の普及に注ぐ
## ミツバチ自然食品で多彩なラインナップ

当社門馬養蜂場

岩手県にある「藤原養蜂場」の創業は1901年。一代目藤原誠祐が人生のすべてを養蜂の普及に注ぎ、その思いは二代目、三代目へと受け継がれ、現在では東北を代表する養蜂場として全国から注目を集めるようになった。ハチミツ、プロポリス、ローヤルゼリーなど様々な商品を製造している中で、圧巻なのは、はちみつの種類。栃、そば、りんご、さくら、コーヒー、かぼちゃ、たんぽぽ、ラベンダーなど40種類のラインナップに目移りしそうだ。日本国内でのみつばち養蜂産品は本格的なものに至ってなく、需要という意味ではまだまだ拡大できる分野だろう。そうした意味でも「藤原養蜂場」が担う役割は大きく、ますますの発展を願ってやまない。

### アピールPOINT

ミツバチの中で日本在来種のミツバチは全体の1％以下しか生産されていません（ほとんどはセイヨウミツバチ）。「藤原養蜂場」で使用するのは貴重な古来より日本に生息する「ニホンミツバチ」で、アミノ酸、タンパク質、ビタミン、酵素、ミネラルを含み、野趣豊かな味わいのミツバチはまさに"蜜蜂のジビエ"と言えます。伝統的な古式採取方法に改良を加え、蜂にも生態系にも優しい上に量産型の養蜂システムを確立しています。

藤原誠太 場長

## 主要品目の紹介

### 日本在来種みつばち 天然蜂蜜

550g 5,000円

平安時代から山岳地帯で作られ続けてきた在来種みつばちの蜂蜜。

| 1 | 2 | 3 | 4 | 5 | 6 | 7 | 8 | 9 | 10 | 11 | 12 |
|---|---|---|---|---|---|---|---|---|----|----|----|

### スズメ蜂の蜂蜜漬(天然蜂蜜入り)

500g 11,500円

伝統的な養蜂家のマル秘とも言える蜂蜜。健康食品としても常備したい蜂蜜。

| 1 | 2 | 3 | 4 | 5 | 6 | 7 | 8 | 9 | 10 | 11 | 12 |
|---|---|---|---|---|---|---|---|---|----|----|----|

### 100% 日本蜜蜂の蜜ろう(板)

200g 2,200円

日本在来種みつばちの自然の巣から生産した最高の純度。

| 1 | 2 | 3 | 4 | 5 | 6 | 7 | 8 | 9 | 10 | 11 | 12 |
|---|---|---|---|---|---|---|---|---|----|----|----|

## 取扱販売店

**有限会社
藤原アイスクリーム工場**

〒020-0886
岩手県盛岡市若園町3-10
TEL.019-624-3001
FAX.019-624-3118
http://www.fujiwara-yoho.co.jp
[営業時間]
10:00～19:00 (毎週月曜日定休)

その他取扱販売店 「いわて銀河プラザ(東京・銀座)」

# 会津娘 髙橋庄作酒造店

**08 福島県**

〒965-0844 福島県会津若松市門田町一ノ堰755　TEL.0242-27-0108
E-mail：sakeshou@nifty.com　http://homepage3.nifty.com/sakeshou

### OB DATA
- 髙橋 庄作　代表
  農学部醸造学科　昭和40年卒
- 髙橋 亘
  農学部醸造学科　平成7年卒
- 野中（旧姓・大芝）三郎
  農学部農学科　平成7年卒

### ■ ルーツ産業
- 1次　水田・畑作・果樹
- 2次　酒造
- 3次　直売・委託販売

### ■ 経営概要
- 創　業…1875年
- 経営内容…水田、畑作、果樹、酒造・販売
- 経営農地面積…4.0ha
- 従業員数…4名

## 米作り、酒造りに適した会津盆地で「土産土法」を継承・研鑽し続ける伝統の蔵

　会津盆地は南北に長方形にひろがっていて博士山、大戸岳、磐梯山、飯豊連峰などの周囲大小の山々からは数々の支流が扇状地形に本流の阿賀川（大川）に合流して米作りに適した肥沃な地質と豊富な地下水で潤っている。その会津盆地で、自作の米で酒造りを始めたのが、初代髙橋庄作氏。以来、兼業農家の蔵として現在の五代目に至るまで、その土地の材料と伝統の手法で酒を造る「土産土法」を守っている。主力は「会津娘」。同時に、会津産酒造好適米「五百万石」での酒造りをより磨き上げるために、特別に契約した他県の農家から取り寄せた酒米での酒造も行っており、「会津娘」ブランドのファンの楽しみとなっている。

蔵 前景

### アピールPOINT

地元会津産の米・水・人で造りあげる「土産土法（どさんどほう）」の酒造りを志し、酒造好適米「五百万石」を自社と蔵人で栽培して、会津産の純米酒を醸造しています。

髙橋庄作 代表

## 主要品目の紹介

### 米

会津産の酒造好適米「五百万石」。基本的に自社の酒造用のため卸・一般販売はなし。

### 日本酒「会津娘」(純米)

1,800ml 2,592円

会津産酒造好適米「五百万石」100％使用。素朴で、米の旨みがある。透明感のあるのど越しの中にもお米の味わい。通年可(但し、月毎の本数限定販売)

| 1 | 2 | 3 | 4 | 5 | 6 | 7 | 8 | 9 | 10 | 11 | 12 |
|---|---|---|---|---|---|---|---|---|----|----|----|
| ● | ● | ● | ● | ● | ● | ● | ● | ● | ●  | ●  | ●  |

### 会津特産 みしらず柿

1箱(6〜7kg詰)3,780円

皇室献上の柿として知られる会津の特産「みしらず柿」。寒中樹上熟成が美味しさを引き上げ、昔ながらの焼酎渋抜きにこだわる。蔵の軒に吊るした干し柿も販売。

| 1 | 2 | 3 | 4 | 5 | 6 | 7 | 8 | 9 | 10 | 11 | 12 |
|---|---|---|---|---|---|---|---|---|----|----|----|
|   |   |   |   |   |   |   |   |   |    | ●—● |   |

## 取扱販売店

**髙橋庄作酒造店**
〒965-0844
福島県会津若松市門田町一ノ堰755
TEL.0242-27-0108
FAX.0242-27-0108
E-mail：sakeshou@nifty.com
http://homepage3.nifty.com/sakeshou

[営業時間]
9:00〜17:00 (土日祝休)

**その他取扱販売店** 「会津娘」取扱店リストは http://homepage3.nifty.com/sakeshou/

# 09 茨城県 潮田農園

〒308-0854 茨城県筑西市女方787-32　TEL.0296-28-2000　FAX.0296-28-2000
E-mail：ushioda@kodawarinomise.com　http://www.carrot-story.com

## OB DATA

**潮田 武彦**
農学部農学科
平成12年卒

■ ルーツ産業
- 1次：野菜
- 2次：野菜加工品
- 3次：販売

■ 経営概要
- 創　業…2000年
- 経営内容…野菜
- 経営面積…1.0ha
- 従業員数…8名

## 野菜を作るより土を作る
## 土を作るより自分を作る

茨城県筑西市にある潮田農園の有機人参は、一部芸能人にも熱烈なファンがいるという「究極の人参」。土作りから始め、10年間の研究を経てできあがったその人参は、見た目にも鮮やかなオレンジ色で、糖度が高い。通常の人参の糖度が4のところ、春人参で糖度10、冬人参で糖度15を実現した。また、シュウ酸というアクの成分がゼロで、えぐみがなく、透明感のあるさらっとした甘さが特長。東京農大で月2回開かれる物産展にも積極的に出店し、こだわりの野菜と、野菜を生かした加工品を販売している。

### アピールPOINT

人参とは思えないほどの甘さとアクがないことが自慢の私の有機人参は、10年間の研究によるもの。お客様から「まるで柿のよう」「究極の人参」と評価され、他の人参を食べられなくなるほどの存在感があります。この人参を使った究極の人参加工品も日々研究しています。野菜農家として、野菜を料理の主役にする志で汗をかいています。

潮田武彦氏

## 主要品目の紹介

### 有機人参

1袋3本入り 400〜500円／1kg 1,000〜1,250円

10年間の研究による究極の人参。春人参は糖度10、冬人参は糖度15。最大の特徴はシュウ酸によるアクがゼロであること。

| 1 | 2 | 3 | 4 | 5 | 6 | 7 | 8 | 9 | 10 | 11 | 12 |
|---|---|---|---|---|---|---|---|---|----|----|----|

### 人参ジュースまるごと100％

1本 540円

自然な旨みと甘さなので体の中にスーッと吸収され、毎日飲める味。人参のジュースなので、料理など何にでも利用できる。防腐剤、保存料、添加物はいっさい使われていないが、高度な殺菌技術と真空での包装により長期間の保存が可能。

| 1 | 2 | 3 | 4 | 5 | 6 | 7 | 8 | 9 | 10 | 11 | 12 |
|---|---|---|---|---|---|---|---|---|----|----|----|

### 人参ピューレ

小 200ml 500円／大 500ml 800円

自慢の有機人参を100％使用した、無添加のピューレ。このほか人参スープ、人参アイス、人参ドレッシングなども販売。

| 1 | 2 | 3 | 4 | 5 | 6 | 7 | 8 | 9 | 10 | 11 | 12 |
|---|---|---|---|---|---|---|---|---|----|----|----|

## 取扱販売店

**潮田農園**
〒308-0854
茨城県筑西市女方787-32
TEL.0296-28-2000
FAX.0296-28-2000
E-mail ushioda@kodawarinomise.com

その他取扱販売店　「マルシエ（東京）」「東京農大食と農の博物館CMボックス」

# 有限会社 大地

茨城県 10

〒300-2707 茨城県常総市本石下4807　TEL.0297-42-1902　FAX.0297-42-1903
E-mail：daichi-932@orange.plala.or.jp　http://www.yasai.joso.jp

## OB DATA

**吉原 将成**
代表取締役
短期大学部生物生産技術学科
平成6年卒

■ルーツ産業
- 1次　野菜
- 2次　野菜加工品
- 3次　販売

■経営概要
- 創　業…1996年
- 経営内容…野菜
- 経営面積…2ha
- 従業員数…20名

## 新鮮で美味しい野菜や加工品を直売所で！ 6次産業の認定を受け、加工にも力を入れる

　茨城県にある大地は、1996年に農業法人として設立し、生産と販売を兼ね備えた直売所としてオープン。2013年には6次産業の総合化事業計画の認定を受け、今後は農産物の加工にも力を入れていく。直売所のおすすめ商品は摘みたてイチゴ、完熟トマト、独自ブランドの城下米、赤玉たまご、朝どりとうもろこ

イチゴ狩り園 大地 下妻農場

し、手作り納豆などで、約80人以上の生産者が登録。毎朝、新鮮な野菜や加工品を販売する。若い従業員が多く、次世代の農業を目指して奮闘中だ。生産部門では主に、石下農場と下妻農場の二つの農場でトマトとイチゴを栽培し、最高の味と採りたての新鮮な野菜を販売できるよう日々努力を重ねている。また、茨城の生産者との消費者交流会やイベント無料イチゴ狩りなど、地域への貢献も忘れない。

## アピールPOINT

父親の代から続いているトマト栽培50年の技術を生かし、安心、安全な作物をお客様に提供できるよう日々研究を重ねています。2013年に農産物の加工所を整備、6次産業化を実践しています。

吉原将成 代表

## 主要品目の紹介

### とまと

栽培品種は「ごほうび」。養液土耕栽培で水分を調整して糖度を上げ、完熟してから収穫する。B級品はジュースの原料として使用している。

| 1 | 2 | 3 | 4 | 5 | 6 | 7 | 8 | 9 | 10 | 11 | 12 |
|---|---|---|---|---|---|---|---|---|----|----|----|
|   |   |   |   |   |   |   |   |   |    |    |    |

### トマトジュース「大地からのご褒美」

自社農場で栽培したとまとだけを原料に使用した無塩、無添加の完熟トマト100%ジュース。

| 1 | 2 | 3 | 4 | 5 | 6 | 7 | 8 | 9 | 10 | 11 | 12 |
|---|---|---|---|---|---|---|---|---|----|----|----|
|   |   |   |   |   |   |   |   |   |    |    |    |

### ミニトマトジュース「sun pallet」

自社農場で栽培した5種類のミニトマトを原料に製造した5色のミニトマトジュース。無塩、無添加の100%トマトジュース。

| 1 | 2 | 3 | 4 | 5 | 6 | 7 | 8 | 9 | 10 | 11 | 12 |
|---|---|---|---|---|---|---|---|---|----|----|----|
|   |   |   |   |   |   |   |   |   |    |    |    |

## 取扱販売店

**みんなの市場**
〒300-2707
茨城県常総市本石下4807
TEL.0297-42-1902
http://www.yasai.joso.jp

［営業時間］
8:30～18:00（水曜定休）

関東

# 11 ファーム大畑

茨城県

〒308-0105 茨城県筑西市西保末193-1　TEL.0296-37-3088　FAX.0296-37-3088
E-mail: hotarunoneiro@yahoo.co.jp　http://www.shizenppa.com

**OB** DATA

**大畑 直之**
地域環境科学部生産環境工学科
平成17年卒

■ルーツ産業
- 1次：米・しいたけ・キクラゲ
- 2次：しいたけ・キクラゲの加工品
- 3次：直販

■経営概要
経営内容…米、しいたけ、キクラゲの生産、加工、販売
経営面積…6.5ha
従業員数…6名

## 「おいしいは当たり前」を胸に若い力で「農」を守り、次の世代へ

農業の盛んな茨城県。秋になると大きな筑波山を背に広がる、稲がたわわに実り黄金色の波を打つ田んぼの絶景。この地を愛し、米やシイタケを作る実家に戻って就農した大畑直之氏は、父の仕事を学びつつ、新しい動きにも精力的に取り組む。たとえば近隣農家で結成したコミューン

椎茸の袋詰め作業

「自然葉っぱクラス」。生産物のウェブ販売を行っているこの組織は、天然の有機物や天然由来の無機物による肥料などを用いるなど、自然のしくみに逆らわない農業を目指して意気投合。減農薬、有機肥料をキーワードに自然にも、人間にもやさしい野菜作りを進める。また、月に1回、東京・下北沢の青空市場に出店したり、毎年大学の後輩の農業体験を受け入れるなど、若い世代間との交流を次世代の農を考える糧としている。

### アピールPOINT

「おいしいは当たり前」をモットーに、米は除草剤一回のみの特別栽培、しいたけとキクラゲはもちろん無農薬の菌床栽培。量より質を求めて日々、生産しています。加工の佃煮に関しては、今まで捨てていた部分を自ら加工することにより、無駄をなくし、日本人の舌に合うオリジナルの商品ができました。2014年8月に「一般社団法人 日本生産者GAP協会」に加盟し、905点の4つ星を獲得しました。これからもお客様に安心・安全・信頼をお届けします。

大畑直之氏

## 主要品目の紹介

### 米

5kg 2,200円

茨城県特別栽培米、もちもちとした弾力、冷めてもおいしいコシヒカリ。

| 1 | 2 | 3 | 4 | 5 | 6 | 7 | 8 | 9 | 10 | 11 | 12 |
|---|---|---|---|---|---|---|---|---|----|----|----|

### しいたけ

1袋200g 280円／1箱1kg 2,160円

肉厚で肉質のキメが細かく、歯ごたえとジューシーな味わいが楽しめる。日持ちもよい。

| 1 | 2 | 3 | 4 | 5 | 6 | 7 | 8 | 9 | 10 | 11 | 12 |
|---|---|---|---|---|---|---|---|---|----|----|----|

### しいたけの石づきとキクラゲの佃煮

100g 300円

パック詰めや袋詰めの際にカットした石づきを細かく割り、貴重な国産キクラゲを足して独特の味わいと食感のあるオリジナル佃煮となった。

| 1 | 2 | 3 | 4 | 5 | 6 | 7 | 8 | 9 | 10 | 11 | 12 |
|---|---|---|---|---|---|---|---|---|----|----|----|

## 取扱販売店

**ファーム大畑**
〒308-0105
茨城県筑西市西保末193-1
TEL.0296-37-3088
FAX.0296-37-3088
http://www.shizenppa.com

［営業時間］
10:00～17:00（不定休）

その他取扱販売店　筑西市、結城市のJAショップ「きらいち」「あけのアグリショップ」「アグリショップ夢関城」

# 12 茨城県 丸太園

〒306-0124 茨城県古河市東諸川7番地　TEL.0280-76-0103
E-mail：h_suzuki@marutaen.com　http://www.marutaen.com

## OB DATA

**鈴木 宏太郎**
生物産業学部食品科学科
平成22年卒

■ ルーツ産業
- 1次：茶・果樹
- 2次：加工・製造
- 3次：販売

■ 経営概要
- 創　業…約120年
- 経営内容…茶、果樹
- 経営面積…4ha
- 従業員数…3名

## 茨城県のエコファーマー認定の農園
## 6次産業を通して、様々なコラボ商品を作る

茨城県の古河市にある「丸太園」は、茨城県のエコファーマー認定の農園。2002年からグリーン・ツーリズム（農産漁村地域で自然、文化、人々との交流を楽しむ滞在型の余暇活動）や教育ファーム、食育活動、農産加工を実践し、農業の持つ多面的可能性を消費者に発信している。地元の農家との6次産業活動を通して業種を超えた交流が生まれ、茶そばやハーブ紅茶など数々のコラボ商品も生まれている。2012年には野菜茶業試験場での研修を終えた長男が就農、丸太園の18代目太郎兵衛襲名に向けて研鑽を積む一方で、3代の茶師が揃ってにぎやかに猿島茶の伝承を努めている。オープンした古河市道の駅では特設ブースを設け、地域の活性化に貢献している。

心を癒す一杯をお届け

## アピールPOINT

「丸太園」は観光スポットとしても人気で、特に例年9月上旬から行われる秋の味覚のクリ拾いが評判です。約150aに5種類のクリ木を約150本栽培し、有機肥料と緑肥栽培で育てた無農薬のクリをイガから悪戦苦闘しながら取り出します。明治元年築の母屋の土間では、自家栽培の深蒸し茶、手作り花梨ジャム、クリの花の蜜蜂などが購入でき、試食もできます。お茶淹れや煎餅焼き体験もできて、子供たちに大人気です。

鈴木宏太郎氏

## 主要品目の紹介

### 猿島茶(さしまちゃ)

100gパック 540円～

猿島台地に育まれ、江戸時代から製造が続いている猿島茶は、「茶畑から茶の間まで」をモットーに、親子孫三代の茶師が丹精込めて作り上げる力作。築150年の母屋の土間が直売所です。

| 1 | 2 | 3 | 4 | 5 | 6 | 7 | 8 | 9 | 10 | 11 | 12 |
|---|---|---|---|---|---|---|---|---|---|---|---|
| ● |   |   |   |   |   |   |   |   |    |    | ● |

### 地元食材を使った薬膳ジャムとシロップ和紅茶

550円～

商品作りのきっかけは「のどが弱い家族のために」「身体の中から元気になりますように」の思いを込めて地元農家の女性起業グループと6次産業活動を行う。商品は、のどに優しい花梨ジャムとシロップ、青トマトの野菜ジャム、ハーブ和紅茶など。

| 1 | 2 | 3 | 4 | 5 | 6 | 7 | 8 | 9 | 10 | 11 | 12 |
|---|---|---|---|---|---|---|---|---|---|---|---|
| ● |   |   |   |   |   |   |   |   |    |    | ● |

### 自家産和栗を使った栗菓子とペースト

栗金飩1個216円/栗ペースト1,080円/栗ジャム890円

栗園で採った栗ハチミツを加えた和栗のジャムも人気です。

| 1 | 2 | 3 | 4 | 5 | 6 | 7 | 8 | 9 | 10 | 11 | 12 |
|---|---|---|---|---|---|---|---|---|---|---|---|
| ● |   |   |   |   |   |   |   |   | ●  |    |    |

## 取扱販売店

**道の駅まくらがの里古河**

〒306-0111
茨城県古河市大和田2623番地
TEL.0280-23-2661

[営業時間]
9:00～20:00(年中無休)

その他取扱販売店　「銀座いばらきマルシェ」「お醤油屋さんのおせんべい工房小山店」

関東

# 13 栃木県 有限会社 ココ・ファーム・ワイナリー

〒326-0061 栃木県足利市田島町611　TEL.0284-42-1194　FAX.0284-42-2166
E-mail : office-m@cocowine.com　http://cocowine.com

## OB DATA

**池上 知恵子**
専務取締役
短期大学醸造科
昭和59年卒

■ ルーツ産業
- 1次 ぶどう栽培
- 2次 ぶどう加工品製造
- 3次 直販所経営

■ 経営概要
創　業…1980年
経営内容…果樹（ぶどうなど）
　　　　　ワイン製造販売
経営面積…8ha
従業員数…24名

## 農業（ぶどう畑）→工業（ワイナリー）→商業（ショップ）まで、ワインを楽しむ空間

1950年代に栃木県足利市の特殊学級の中学生とその担任教師によって、山の急斜面に開墾されたぶどう畑。1969年、このぶどう畑の麓で、指定障害者支援施設こころみ学園がスタート。1980年、園長の川田昇氏の考えに賛同する父兄たちによって設立され、1984年酒類製造免許を取得した。

平均斜度38度の山のぶどう畑

ワイン醸造場に隣接するワインショップでは自家製ワインをはじめ、ノンアルコールジュースやジャムを販売。ワインの試飲はもちろん可能。ワインに合う世界のチーズやオリーブオイル、ワイングラスやワインクーラーなどのワイン関連商品も購入できる。カフェではぶどう畑を眺めながら、自家製ワインとともに、こころみ学園の新鮮野菜や地元の農作物を使った季節の料理も楽しめる。

### アピールPOINT

山のぶどう畑は、1950年代の開墾以来除草剤が撒かれたことはありません。たくさんの農夫たちが、ぶどうのまわりに生い茂る草花や虫や鳥や動物たちからぶどうを守るべく、朝から晩までがんばってきました。ぶどうをワインにする醗酵はすべて野生酵母（天然の自生酵母）によるもの。「こんなワインになりたい」というぶどうや酵母の声に耳を澄ませて、その自然の持ち味を生かすことがココ・ファーム・ワイナリーの特徴です。

池上知恵子 専務

## 主要品目の紹介

### 自家製ワイン

375ml～750ml 1,000円～8,000円

こころみ学園や契約栽培家の畑で栽培された日本のぶどうを100%原料とし、醸造・ビン詰めされたワイン。ぶどう本来の風味を生かすため、果皮についた酵母で醗酵。スパークリングワインから、赤、白、ロゼワイン、そしてデザートワインまで多彩なおいしいワインが楽しめる。

| 1 | 2 | 3 | 4 | 5 | 6 | 7 | 8 | 9 | 10 | 11 | 12 |
|---|---|---|---|---|---|---|---|---|---|---|---|

### 椎茸スープ　カプチーノ仕立て

10個1,700円 (9g×10個)

こころみ学園栽培の椎茸から生まれた香り豊かでおいしい本格スープ。フリーズドライ製法により、椎茸のおいしさが引き出されている。温かいミルク（または豆乳、熱湯）で作る。

| 1 | 2 | 3 | 4 | 5 | 6 | 7 | 8 | 9 | 10 | 11 | 12 |
|---|---|---|---|---|---|---|---|---|---|---|---|

### ワインケーキ　プレーン

1箱（約350g）1,600円

ココ・ファーム・ワイナリーの高級ワインを贅沢に使用したケーキ。豊かな香りとしっとりとした感触、きめ細かな味わいが人気。約2%のアルコールが入っている。

| 1 | 2 | 3 | 4 | 5 | 6 | 7 | 8 | 9 | 10 | 11 | 12 |
|---|---|---|---|---|---|---|---|---|---|---|---|

## 取扱販売店

こころみ学園のワイン醸造場
(有)ココ・ファーム・ワイナリー
〒326-0061 栃木県足利市田島町611
TEL.0284-42-1194

［営業時間］
カフェ／11:00～17:30(L.O.)
ワインショップ／10:00～18:00
※お休み：11月収穫祭前日、年末年始(12/31～1/2)、1月第3月曜日から5日間

栃木県

**その他取扱販売店**　「北の郷農産物直販所」「どまんなか田沼」「道の駅しもつけ」他全国の酒販店、デパート

関東

# 14 群馬県 グローバルピッグファーム株式会社

〒377-0052 群馬県渋川市北橘町上箱田800　TEL.0279-52-3753
http://www.gpf.co.jp

## OB DATA

**赤地 勝美**
代表取締役会長
農学部農業拓殖学科
昭和39年卒

### ■ ルーツ産業
- 1次：豚
- 2次：加工・製造
- 3次：販売

### ■ 経営概要
- 創　業…1983年
- 経営内容…畜産
- 経営面積…70ha
- 家畜飼養規模…1,500頭
- 従業員数…130名

## 愛をもって、日本一の豚肉をめざす
## 安全で美味しい銘柄豚「和豚もちぶた」

どうすれば小規模家族経営の養豚農家が、大企業に負けずに生き残れるか。その答えが群馬県の「グローバルピッグファーム」にある。全国のメンバー農場と協力し、「日本一おいしい豚肉をつくろう！」を合言葉に、銘柄豚肉「和豚もちぶた」を全国に送り届けている。安全でおいしい豚肉を作るには、育種、栄養、衛生、管理、流通などいくつかポイントがあるが、このうちどれか一つがおざなりになってしまうと美味しさや品質にバラツキが出てしまう。「グローバルピッグファーム」は高品質のとうもろこしなどの天然素材を主原料とした飼料、育種改良を繰り返した日本人好みの豚肉を一貫して作り続けている。代表取締役の赤地氏は「おいしさは愛」と真心を込めることを忘れない。

母豚のボディコンディションの確認

### アピールPOINT

「グローバルピッグファーム」が特にこだわりを持つのが育種。日本人の食趣に合った理想的な肉質と、バラツキをなくした品質の課題をクリアするため、一貫して優秀な上位5％以下の豚を親豚として選抜し続け、「和豚もちぶた」の原種豚を完成させた。美しいピンク色できめ細かく、つややかな肉。歯ごたえはあるのに柔らかいという唯一無二の高い評価を得ています。今後も日本人の食趣にマッチした味を追求していきたいと考えています。

赤地勝美 会長

## 主要品目の紹介

### ロースハム

約700g／本　1本約3,500円

いい豚肉は、ゆっくり自然にいいハムになっていく。素材の味・コク・風味がしっかり味わえる正統派ロースハム。

| 1 | 2 | 3 | 4 | 5 | 6 | 7 | 8 | 9 | 10 | 11 | 12 |
|---|---|---|---|---|---|---|---|---|----|----|----|

### ベーコンスライス

1パック120g 494円

日本人の好みに合った豚肉の美味しさが、そのままベーコンのうまみとなっている。サッとかるく焼くだけで風味が立ち上がる。ジューシーでやわらかい脂身が食欲をそそる。

| 1 | 2 | 3 | 4 | 5 | 6 | 7 | 8 | 9 | 10 | 11 | 12 |
|---|---|---|---|---|---|---|---|---|----|----|----|

### 荒挽ウインナ

1パック約180g 約520円

アツアツの粗挽き肉からあふれ出す和豚もちぶたのうまみ。スパイシーな風味がおいしさをいっそう引き立てる。

| 1 | 2 | 3 | 4 | 5 | 6 | 7 | 8 | 9 | 10 | 11 | 12 |
|---|---|---|---|---|---|---|---|---|----|----|----|

関東

## 取扱販売店

**ハム工房ぐろーばる**

〒377-0052
群馬県渋川市北橘町上箱田800
TEL.0120-44-3746

[営業時間]
火・水・木／9:00～17:00
金・土・日・祝／10:00～18:00
（月曜定休）

その他取扱販売店　「エクセレントフード トミー(高崎)」「メルシーア ラ ナチュール(前橋)」「クラシード若宮(前橋)」「アバンセ(広島)」

# 株式会社 針塚農産

〒377-0002 群馬県渋川市中村66　TEL.0279-22-0381　FAX.0279-24-5424
E-mail：nousanharizuka@luck.ocn.ne.jp　http://www1.ocn.ne.jp/~harinou/13.html

**OB DATA**

針塚 重善
代表取締役
農学部栄養学科
昭和62年卒

■ルーツ産業
1次　漬物
2次　加工・製造
3次　販売

■経営概要
創　業…1958年
経営内容…水田、漬物
経営面積…1ha
従業員数…10名

## ニーズに合わせた伝統発酵食品作り
## "見える・触れる・来られる"で6次産業化を

「針塚農産」は山々に囲まれた群馬県のほぼ中心の渋川市にある。創業者・藤重が東京農大を卒業後1958年に浅漬けの販売を始めて以来、ニーズに合わせた商品作りをしてきた。主な取扱商品は、白菜、胡瓜、キャベツなどの麹漬け、大根浅漬け、米こうじ、麦こうじ、甘酒などだが、2013年より浅漬けの新規範ができ、コンプライアンスにもとづいた伝統発酵食品の開発を進めている。また、首都圏から近い特徴を活かし、"見える・触れる・来られる"の観点から6次産業化を、地元の生産者たちと模索したいと考えている。

昔ながらの蓋製法で作る麹

### アピールPOINT

長寿国日本の伝統食品である日本酒、みそ、しょうゆ、みりん、酢、漬物の発酵食品は毎日食べても飽きが来ないが、「針塚農産」の特徴は昭和33年に日本で始めて日本品として製造した浅漬け「白菜の麹漬」です。丁寧に下漬けされた後、麹、昆布、唐辛子、ざらめなどで本漬けします。美味しい漬物は野菜から、美味しい野菜は土作りからと、微生物を利用した根がよく伸びる土で作るのが、美味しさの秘密です。

針塚重善 代表

## 主要品目の紹介

### 麹漬け　白菜

300g 360円

一度塩漬けした白菜を、米こうじ、昆布、唐辛子で漬け込んだ看板商品。

| 1 | 2 | 3 | 4 | 5 | 6 | 7 | 8 | 9 | 10 | 11 | 12 |
|---|---|---|---|---|---|---|---|---|----|----|----|

### 麹漬け　胡瓜

3本 360円

新鮮な胡瓜を板ずりして、米こうじ、昆布、唐辛子で漬け込む。

| 1 | 2 | 3 | 4 | 5 | 6 | 7 | 8 | 9 | 10 | 11 | 12 |
|---|---|---|---|---|---|---|---|---|----|----|----|

### 麹漬け　キャベツ

300g 360円

たっぷりと重石をして塩漬けしたキャベツを米こうじ、昆布、唐辛子で漬け込む。

| 1 | 2 | 3 | 4 | 5 | 6 | 7 | 8 | 9 | 10 | 11 | 12 |
|---|---|---|---|---|---|---|---|---|----|----|----|

関東

## 取扱販売店

**株式会社針塚農産**
〒377-0002
群馬県渋川市中村66
TEL.0279-22-0381
FAX.0279-24-5424

[営業時間]
9:00～18:00（不定休）

その他取扱販売店　「花木センター」「愛菜館」「渋川市豊秋直売所」「三越(日本橋)」「銀座(グロッサリー売場)」ほか

# 株式会社 あらい農産

埼玉県

〒361-0023 埼玉県行田市長野7457番地　TEL.048-559-0294
E-mail：arai-nousan@hb.tp1.jp

**OB DATA**

新井 健一
代表取締役
短期大学農業科
昭和53年卒

■ルーツ産業
- 1次　稲作
- 2次　稲作加工業
- 3次　直売所経営

■経営概要
- 創　業…2012年
- 経営内容…水稲・麦作
- 経営面積…25ha
- 役　員…2名
- 従業員数…2名

## 「安全でおいしい」にとことんこだわった東京農大と地域とあゆむ事業展開

「安全でおいしいお米」をキーワードに、正直・真面目に生産したお米を田んぼから「直接」食卓にお届けすることを通して、日本の将来を担う子供たちの健やかな成長と地域農産業の発展に役立つように事業を展開している。

代表取締役の新井健一氏は、2002年から行田市農業委員を務めている。1980年に就農。2006年1月に、埼玉県地域指導農家に認定され、同年3月には、第35回日本農業賞（埼玉県個別経営の部）を受賞した。また東京農業大学教育後援会顧問、東京農業大学第三高等学校後援会顧問も務めている。また東京農大や地域の幼稚園の「田植え体験」や「稲刈り体験」に水田を提供し、作業指導も実施。近年は東京農大の地元である世田谷区内の小学校が学校給食用として、「あらい農産」のお米を使用。まさに地域農産業の発展と密接した事業を展開している。

田植えの様子～古代蓮の里展望タワーを背景に～

### アピールPOINT

化学肥料や農薬の使用を極力控えるとともに、牛糞堆肥や農大が開発した有機肥料「みどりくん」を使用。安全でおいしいお米の生産に努めています。埼玉県が育成した病害虫の複合抵抗性を有する「彩のかがやき」を始め、複数の品種を適期に栽培。お米を収穫したあとのわらは、肉牛飼育に利用するほか、牛糞堆肥を肥料として水田に施用し、循環型農業の推進に努めています。

新井健一 代表

## 主要品目の紹介

### 水稲

化学肥料や農薬の使用を極力控えるとともに、牛糞堆肥や東京農業大学が開発した有機肥料「みどりくん」を使用し、安全でおいしいお米の生産に務めている。

| 1 | 2 | 3 | 4 | 5 | 6 | 7 | 8 | 9 | 10 | 11 | 12 |
|---|---|---|---|---|---|---|---|---|---|---|---|

### わら

肉牛飼育の飼料への利用、牛糞堆肥を肥料として水田に施用。

| 1 | 2 | 3 | 4 | 5 | 6 | 7 | 8 | 9 | 10 | 11 | 12 |
|---|---|---|---|---|---|---|---|---|---|---|---|

### 麦類

水稲と麦類の二毛作体系を行うことで、水田の高度利用に努めている。

| 1 | 2 | 3 | 4 | 5 | 6 | 7 | 8 | 9 | 10 | 11 | 12 |
|---|---|---|---|---|---|---|---|---|---|---|---|

## 取扱販売店

**株式会社あらい農産**

〒361-0023
埼玉県行田市長野7457番地
TEL.048-559-0294

［営業時間］
7:50～17:00

関東

# 17 いるま野銘茶企業組合

埼玉県

〒358-0047 埼玉県入間市南峯527-1　TEL.04-2936-0586
E-mail：housien@m.ictv.ne.jp　http://www.irumano-meicha.coop

**OB DATA**

法師 励
代表理事
農学部 農学科
昭和54年卒

■ルーツ産業
- 1次：茶葉栽培
- 2次：茶葉加工品製造
- 3次：直販所経営

■経営概要
- 創　業…2012年
- 経営内容…お茶、他
- 経営面積…7.5ha
- 従業員数…5名

## 茶葉生産からパッケージ化まで
## 先端機械と茶業者の高い技術が集結

「色は静岡、香りは宇治、味は狭山でとどめをさす」と評されるほど、味わい豊かな狭山茶。一連の東日本大震災問題で、販路の拡大が難しくなってきたこともあって設立された企業組合。組合は工場設備で、茶葉生産から製品の製造、パッケージのデザインや仕様まで製茶に関するあらゆる工程の請負が可能。品評会で農林水産大臣賞を受賞した組合員もいて、確かな技術を持っている。組織化することにより、個々の役割分担を明確にし、狭山茶の安全性の確保をしつつも、安くて誰が飲んでもおいしいお茶作りを目指す。またアメリカ、ヨーロッパ、イランなどで蒸し製の日本茶が流行しているという情報により、近い将来の「輸出」も視野に入れている。

組合員の茶園管理風景

### アピールPOINT

組合の工場では、金属探知機、異物除去などを備えたパッケージ設備など高い品質を実現できる先端設備を完備。各工程には高い技術を持つエキスパートを配置、品質管理に妥協しない高いモチベーションで製造工場の無事故を目指して日々作業しています。組合員自らが経営と業務に参画することにより、それぞれの経済的地位の向上を図り、また地域経済の振興発展につながることと思っています。

法師励 代表理事

## 主要品目の紹介

### お茶（日本茶）

1袋35円 300袋より

原料となる茶葉の生産方法、色、香り、味など希望に応えた製造が可能。袋詰め茶葉、缶入り茶葉、ティーバック茶など、小ロットでも請け負うことが可能。

| 1 | 2 | 3 | 4 | 5 | 6 | 7 | 8 | 9 | 10 | 11 | 12 |
|---|---|---|---|---|---|---|---|---|----|----|----|

### 健康茶

1袋35円 300袋より

仕入れたお茶を異物除去し、ティーバックにしたり、袋詰めにする。異物除去＋パック詰めは1袋35円、300袋からが標準価格。値段は相談に応じる。

| 1 | 2 | 3 | 4 | 5 | 6 | 7 | 8 | 9 | 10 | 11 | 12 |
|---|---|---|---|---|---|---|---|---|----|----|----|

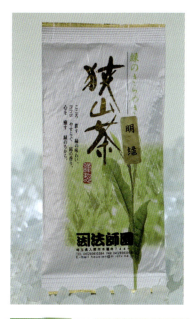

## 取扱販売店

いるま野銘茶企業組合
〒358-0047
埼玉県入間市南峯527-1
TEL.04-2936-0586

［営業時間］
9:00〜17:00（土・日・祝日除く）

その他取扱販売店　関東地方の量販店にて販売中

# JBK FARM

〒292-0003 千葉県木更津市万石193-1　TEL/FAX.0438-41-0867
E-mail : jbkfarm56@yahoo.co.jp　http://piu.sakura.ne.jp/jbkfarm

**OB DATA**

地曳 昭裕
農学部農業経済学科
昭和54年卒

■ルーツ産業
- 1次　稲・果物
- 2次　ジャム加工
- 3次　直売所・ネット販売

■経営概要
創　業…1981年
経営内容…水稲、果樹、鉢花
経営面積…5ha
従業員数…3名

## パッションフルーツを木更津の特産に！
## 栄養素が豊富で、健康管理にも最適

　亜熱帯の果物のパッションフルーツを千葉県木更津の特産に育てたのがJBK FARMだ。トロピカルな香りと上品な甘酸っぱさが魅力のパッションフルーツは、βカロチン、ビタミンB、カリウム、鉄分、葉酸などの栄養素が豊富で、健康維持にも貢献してくれる果物。輸入品が多い中、JBK FARMは植え付け（4〜5月）から収穫（7月中下旬〜10月下旬）まですべて自らの手でおこなっている。パッションフルーツの詰め合わせがオンラインショップで好評を博し、最近は千葉県の新鮮な牛乳で作ったアイスクリームも注目の的だ。パッションフルーツの苗の販売も嬉しい。大苗なので早期に花が咲き、あっという間にグリーンカーテンになる。

パッションフルーツ農園

### アピールPOINT

　鉢花と水稲を30数年生業にしてきましたが、鉢花生産は普及していない植物の導入の歴史でもありました。しかしながら現在は以前の需要を失っています。そこで5年前よりパッションフルーツの栽培を手がけ、就農以来初めて、果実の販売に挑戦しています。未知の果物の消費拡大を目指し、農業体験、イベント、試食を通じた販促など日夜励んでいます。

地曳昭裕氏

## 主要品目の紹介

### パッションフルーツ

1箱12個入 2,376円

エキゾチックなパッションフルーツの栄養効果として、妊婦さんには欠かせない「葉酸」が多く含まれ、健康を気遣うシニア層へは「ビタミン」「ミネラル」がアンチエイジング効果や生活習慣病の予防を働きかける。

| 1 | 2 | 3 | 4 | 5 | 6 | 7 | 8 | 9 | 10 | 11 | 12 |
|---|---|---|---|---|---|---|---|---|----|----|----|
|   |   |   |   |   |   |   |   |   |    |    |    |

### パッションフルーツ大苗

1鉢 1,600円

実りを楽しむための苗。グリーンカーテン用に最適。花が咲くのが早く、パッションフルーツの旺盛な成長力に驚くかも。(多くの結実に欠かせない「授粉の仕方」等、栽培に関するレクチャーも努めます。)

| 1 | 2 | 3 | 4 | 5 | 6 | 7 | 8 | 9 | 10 | 11 | 12 |
|---|---|---|---|---|---|---|---|---|----|----|----|
|   |   |   |   |   |   |   |   |   |    |    |    |

### パッションフルーツジャム

1瓶 90g 540円

きび砂糖とパッションフルーツのみで作り上げ、プレーンヨーグルトとの相性はバッチリ。

| 1 | 2 | 3 | 4 | 5 | 6 | 7 | 8 | 9 | 10 | 11 | 12 |
|---|---|---|---|---|---|---|---|---|----|----|----|
|   |   |   |   |   |   |   |   |   |    |    |    |

| 1 | 2 | 3 | 4 | 5 | 6 | 7 | 8 | 9 | 10 | 11 | 12 |
|---|---|---|---|---|---|---|---|---|----|----|----|
|   |   |   |   |   |   |   |   |   |    |    |    |

関東

## 取扱販売店

**JBK FARM**

〒292-0003
千葉県木更津市万石193-1
TEL/FAX.0438-41-0867
※インターネットでも購入可能

[営業時間]
8:00～17:00 (通年)

その他取扱販売店　果実販売「房の駅」(新生・草刈・栗山・横戸・鎌ヶ谷)」「高倉農産物直売所」ジャム販売「yagi-coya」

# 19 千葉県 ファームリゾート鶏卵牧場

〒299-5114　千葉県夷隅郡御宿町実谷437　TEL.0470-68-2631　FAX.0470-68-2171
E-mail：poppono-oka@hotmail.co.jp　http://www.keiranbokujo.com

## OB DATA

村石 愛二
代表取締役
農学部農業経済学科
昭和51年卒

### ■ルーツ産業
- 1次　畜産（鶏卵）
- 2次　直販・飲食
- 3次　観光牧場化

### ■経営概要
- 創　業…1948年
- 経営内容…鶏卵生産
- 飼育規模…80,000羽
- 従業員数…30名

## 生産者であると同時に消費者であると考え農場を観光スポットに進化させる

　房総半島外房エリアに、養鶏を核とした新しい形の観光スポットがある。現社長の村石愛二氏は父母が1948年に200羽の鶏で始めた農場を拡大させ、「ファームリゾート鶏卵牧場」として、生産者にとどまらず地域の人々との交流の場、レジャーの場を提供することで6次産業化を進めている。2010年の農産物直売所・ギャラリー＆イベント会場「おんじゅくフロンティア・マーケット牛舎8号」を皮切りに、ドッグラン「4Legs」、たまごかけご飯が食べられる「牛8カフェ／バー」、市民農園「831（やさい）倶楽部」、「レトロぶーぶ館」「消防自動車博物館」を続々とオープンさせるなど、近年は特に活発にその幅を広げており、生産者と消費者の和を拡大させている。

ポッポの丘に展示中の国鉄形車両

### アピールPOINT

　ファームリゾート鶏卵牧場は、より多くの方に気軽に遊びに来ていただけるよう、観光牧場化を進めております。私たち、鶏卵牧場のスタッフは生産者であると共に、消費者の一人であるとの意識を持って安全でおいしい農産物を生産・供給したいと考えています。鶏卵牧場は、自然保護、動物愛護の観点から、より自然に近く、動物を大切にして、人と動物がふれあいながら安心・安全な卵や牛肉を作りたいと考え、実行してまいりました。

村石愛二 代表

## 主要品目の紹介

### うみたてたまご

10個 300円

鶏舎の管理から餌にもこだわった、新鮮で安全・安心なうみたて卵。

| 1 | 2 | 3 | 4 | 5 | 6 | 7 | 8 | 9 | 10 | 11 | 12 |
|---|---|---|---|---|---|---|---|---|----|----|----|

### 庭先たまご

10個 550円

放し飼いにより大地の恵みを凝縮させた味の濃い卵。

| 1 | 2 | 3 | 4 | 5 | 6 | 7 | 8 | 9 | 10 | 11 | 12 |
|---|---|---|---|---|---|---|---|---|----|----|----|

### レトロぶーぶ館

入場無料

昭和30～40年代に活躍した軽三輪トラックなど、レトロで愛嬌のあるデザインの古い自動車を未利用鶏舎に展示。併設する「消防自動車博物館」（入場料500円、子供無料）には屋根もないポンプ車の先祖も展示。

| 1 | 2 | 3 | 4 | 5 | 6 | 7 | 8 | 9 | 10 | 11 | 12 |
|---|---|---|---|---|---|---|---|---|----|----|----|

## 取扱販売店

**ポッポの丘**

〒298-0135
千葉県いすみ市作田1298番地
TEL&FAX.0470-62-6751

[営業時間]
10:00～16:00（年中無休）

その他取扱販売店　「レトロぶーぶ館」「牛舎8号」　電話、FAXによる直売もあり

関東

# たまご工房うえの

〒190-1202 東京都西多摩郡瑞穂町駒形富士山133　TEL.042-557-0494
E-mail：ueno21@ictv.ne.jp　http://www.ictv.ne.jp/~ueno21

**OB DATA**

上野 勝
短期大学農業科
昭和43年卒

■ ルーツ産業
- 1次　たまご採取
- 2次　たまご加工品製造
- 3次　直販売経営

■ 経営概要
- 創　業…1955年
- 経営内容…畜産
- 経営農地面積…0.5ha
- 家畜飼養規模…6,000羽
- 従業員数…3名

## 飼料にこだわった産みたての玉子と オリジナルのスイーツで"地産地消"を目指す

　地域の農業が高齢化で疲弊し、耕作放棄地が増えている状況。見かねた上野さんは、"地産地消"を掲げ、"自立した農業"を目的に、短大卒業以来、自家配合や放し飼いなどにも取り組んできた。その中で、約8年前から上野さんの奥さんと、娘さんが中心となり、卵を使ったお菓子の販売を敷地内で開始。2013年からは、店を改装しカフェの営業も始めた。産みたての玉子と瑞穂産の牛乳、お菓子用の新品種の小麦粉「ゆきはるか」を使った、プリンやロールケーキが人気だ。もちろん産みたての玉子の販売も順調。「たまごかけごはん」など、シンプルに食べてみると、その濃厚な味が堪能できると評判。紅白の玉子詰め合わせはお中元やお歳暮、祝い事のお返しなどにも人気がある。

東京にある麦畑

### アピールPOINT

　抗生物質や遺伝子組み換えの飼料を一切使用しせず、少数飼育によって育てられたこだわりの玉子「東京たまご」。そして東北農研機構が開発した、日本で初めてのお菓子用の小麦品種「ゆきはるか」を関東地区で唯一栽培。その2大主力品を材料としたスイーツが近年評判となっています。中でも「東京たまご」と瑞穂町で生産されている「東京牛乳」を使ったプリンは市販品にはないとろけるような食感で新しい主力となりつつあります。

上野勝氏

## 主要品目の紹介

### 東京たまご

1kg 450円

黄味部分の黄色が強く、黄味白身の盛り上がりが新鮮さを象徴する玉子。自家販売をメインとしているので、消費者には産みたてを24時間以内に味わってもらうことができる。

| 1 | 2 | 3 | 4 | 5 | 6 | 7 | 8 | 9 | 10 | 11 | 12 |
|---|---|---|---|---|---|---|---|---|----|----|----|

### 小麦粉

1kg 650円

お菓子用の新品種の小麦「ゆきはるか」の小麦粉。菓子原料に適した生地特性を持ち、スポンジケーキの膨らみに適している。工房で作るロールケーキやクッキーにも使用されている。

| 1 | 2 | 3 | 4 | 5 | 6 | 7 | 8 | 9 | 10 | 11 | 12 |
|---|---|---|---|---|---|---|---|---|----|----|----|

### プリン

1個 230円

新鮮な「東京たまご」と「東京牛乳」をふんだんに使ったプリン。たまご屋さんならではの贅沢な配合のものを、ひとつひとつ手作りしている。塩麹を使ったプリン（1個 230円）も人気。

| 1 | 2 | 3 | 4 | 5 | 6 | 7 | 8 | 9 | 10 | 11 | 12 |
|---|---|---|---|---|---|---|---|---|----|----|----|

## 取扱販売店

**たまご工房うえの**
〒190-1202
東京都西多摩郡瑞穂町駒形富士山133
TEL.042-557-0494

[営業時間]
9:30～18:00（無休）
※プリンの販売は月曜、火曜が休み
カフェ：13:00～18:00
（月曜、火曜休み）

その他取扱販売店　直売所（瑞穂、羽村、福生）

関東

# 21 東京都 株式会社フィオ

〒192-0355 東京都八王子市堀之内900-1　TEL.042-689-4347　FAX.042-689-4397
E-mail：funaki.fio8@gmail.com　http://fio8.com

**OB DATA**

舩木 翔平
代表取締役
地域環境科学部森林総合科学科
平成22年卒

■ ルーツ産業
- 1次　畜産（養蜂）
- 2次　蜂蜜・蜂蜜加工品
- 3次　直売・委託販売

■ 経営概要
- 創　業…2013年
- 経営内容…畑作（野菜）養蜂、イベント
- 経営面積…0.7ha
- 従業員数…6名

## 「農業でまちづくり」がキーワード
## 新世代の発想と行動力広がる"農の輪"

フィオ野菜の収穫

　高度成長期に"多摩ニュータウン"として都市開発が進む中、開発から逃れた自然豊かな農村風景が広がる由木地域。2010年に東京農大を卒業した舩木翔平氏は、この地を拠点に"農"と"食"を伝えていきたいと考え、「農業でまちづくり」をテーマに掲げた会社を友人と設立。地域資産をさまざまな方法で価値を最大化し、仕組みや流通を、既成概念にとらわれずにデザインし直し、地域を担う人材やコミュニティを創出すべく活動している。こだわりの野菜作りに始まり、農家の相互連携やITなど他分野との連携など従来の農家になかった自由な発想で「楽しんで、利益が出て、未来につながる"農"」を実践し、異分野の才能ある若者を吸収しながら成長している。

### アピールPOINT

　農家は、日本に住む人たちの食料を作る者として、「農業という第一次産業を守らなければいけない」という使命を持っています。そのため、持続的な運営ができる仕組みを整える必要があります。私たちは、農業から地域産業が発展し「農業が若者から憧れる職業」となり、地域の方々が関わり、そして繋がり、皆が幸せを感じる「地域」を作っていきます。

舩木翔平 代表

## 主要品目の紹介

### 蜂蜜 GREEN HONEY

150g 1,800円

八王子産の百花蜂蜜。加熱処理などを一切行っておらず、蜂蜜本来の味と花の香りが楽しめる。30ml、50ml、100ml、200ml もあり。

| 1 | 2 | 3 | 4 | 5 | 6 | 7 | 8 | 9 | 10 | 11 | 12 |
|---|---|---|---|---|---|---|---|---|----|----|----|
|   |   |   |   | ● |   |   |   |   |    |    |    |

### 大神米

1kg 1,000円～

福岡県糸島市を拠点とした代々続くお米農家「大神農場」で作られた特別栽培米のお米。3合(500円)、3kg(2,400円)、5kg(3,500円)、10kg(6,000円)も。

| 1 | 2 | 3 | 4 | 5 | 6 | 7 | 8 | 9 | 10 | 11 | 12 |
|---|---|---|---|---|---|---|---|---|----|----|----|
| ● |   |   |   |   |   |   |   |   |    |    | ● |

### フィオ野菜

野菜セット 1,400～3,400円

野菜を作るにあたり農薬は一切使用せず、地元の発酵牛糞堆肥を使用し、生産している。誰でも、いつでも畑に来れる安全で安心な「畑作り」と旬の「野菜作り」を目指して、取り組んでいる。

| 1 | 2 | 3 | 4 | 5 | 6 | 7 | 8 | 9 | 10 | 11 | 12 |
|---|---|---|---|---|---|---|---|---|----|----|----|
| ● |   |   |   |   |   |   |   |   |    |    | ● |

## 取扱販売店

ホームページにて販売
http://fio8.com/products/

関東

# 澤地農園

**22 神奈川県**

〒243-0416 神奈川県海老名市中河内1188　TEL.046-238-1302　FAX.046-239-2422

## OB DATA

**澤地 正典**
農学部農学科
昭和54年卒

■ ルーツ産業
(1次) いちご栽培

■ 経営概要
創　業…1934年
経営内容…野菜
経営面積…2.5ha
従業員数…4名

## 一粒一粒、心をこめて丁寧に
## 甘くてジューシー、大臣賞受賞の「海老名いちご」

　戦前の1934年に創業。祖父、父から受け継いだ澤地正典氏が4代目の息子夫婦とともに、心をこめたイチゴ栽培を行っている。ハウスは神奈川県海老名市の通称"イチゴ街道"にあり、農林水産祭で大臣賞を受賞した「海老名いちご」は甘くてジューシー、自然にやさしい天敵利用で安全・安心のイチゴと評判だ。「美味しいイチゴを作る」。その思いを実現させるには、土壌分析による適性な施肥、緑肥を使った土壌の改良、バランスのとれた土作りから始まる。さらに定植後や開花時期の適切な管理など、どれも簡単ではなく、気が休まるときがない。挑戦する気持ちを忘れず、一粒一粒丁寧に作り続けた結果が、甘くて美味しいイチゴとして実を結んでいる。

### アピールPOINT

　私は、おいしい苺を作ることを一番に考えています。売る前にまずしっかりとした生産物を作るという姿勢で、毎日苺に向き合っています。健全な苺作りに始まり、定植床の準備として土壌分析、緑肥の導入によりバランスの良い土を作り、定植後は潅水温度の適切な管理、開花時期にはみつ蜂の管理等色々あります。一粒のいちごが収穫できるまでには容易ではありません。57歳になっても毎年新たな気持ちで苺栽培に挑戦しております。

澤地正典氏

## 主要品目の紹介

### いちご

バランスのとれた土から採れた安心で美味しいイチゴ。

| 1 | 2 | 3 | 4 | 5 | 6 | 7 | 8 | 9 | 10 | 11 | 12 |
|---|---|---|---|---|---|---|---|---|----|----|----|

関東

### 取扱販売店

**澤地農園**
〒243-0416
神奈川県海老名市中河内1188
TEL.046-238-1302

# 渋谷園芸

神奈川県

〒252-0812 神奈川県藤沢市西俣野2095　TEL.0466-81-2405　FAX.0466-81-2405
E-mail：sibuya0016@herb.ocn.ne.jp　http://chisanchisho.enopo.jp/flower-nouen/296-shibuya-engei.html

**OB DATA**

渋谷 忠宏
農学部農学科
昭和53年卒

■ルーツ産業
- 1次：野菜・米
- 2次：小麦粉・ドライトマト
- 3次：直売・委託販売

■経営概要
- 創　業…2010年
- 経営内容…園芸（施設トマト）、稲作、畑作、食品加工
- 経営面積…2.4ha
- 従業員数…4名

## 安心・安全は当たり前がモットー
## 湘南を愛し、野菜と加工で地産地消を実現

　神奈川県の中央に位置し、全国的にも有名な湘南海岸を擁する藤沢市。温暖な気候に恵まれたこの地で、施設トマトの生産を中心に加工品の製造、販売まで手掛けているのが湘南の恵代表渋谷忠宏氏である。土作りからこだわったトマト作りにも力を入れており、7月には近隣の住人が予約して訪れ"もぎとり"を楽しむ光景も見られる。完熟トマトを丁寧に乾燥させたドライトマトに加工・販売も行っている。また、藤沢産の小麦を加工し、パンに適した準強力粉も製造。地元でこだわりのパン作りをする法人・個人に好評だ。ほかにも米、大豆、黒米の栽培も行っており、小麦粉も含め、これらは市内の学校給食にも使用されている。

湘南の恵

### アピールPOINT

　私たちは「安心・安全は当たり前」をモットーに、化学肥料や化学農薬の使用を極力控え、そのぶん手をかけ、地域のみなさんに喜んでいただける農産物を提供するため、日々努力しています。米はご飯、小麦粉はパン、大豆は煮豆として藤沢市の学校給食にも使用されており、未来を担う子どもたちの健康な体づくりの一助になれるのも、生産者としての喜びです。

渋谷忠宏氏

## 主要品目の紹介

### トマト

1kg 500円

土作りからこだわり、有機肥料を使用し減農薬で丁寧に栽培。4月〜6月。不純物ゼロのドライトマトも自慢(30g 400円／12月〜)。

| 1 | 2 | 3 | 4 | 5 | 6 | 7 | 8 | 9 | 10 | 11 | 12 |
|---|---|---|---|---|---|---|---|---|----|----|----|

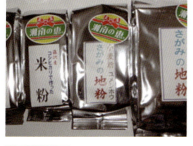

### 大豆、黒米

大豆1kg 1,000円／黒米200g 300円

神奈川県津久井在来種の美味しい大豆。糖度が高く香りがよいのが特徴。黒米は1合の白米に対して小さじ1杯入れるだけで驚きの色付き。

| 1 | 2 | 3 | 4 | 5 | 6 | 7 | 8 | 9 | 10 | 11 | 12 |
|---|---|---|---|---|---|---|---|---|----|----|----|

### 小麦粉、米粉

小麦粉500g 450円・1,000g 800円／米粉500g 300円

藤沢産の小麦粉を原料とした、パンに適した準強力粉。このほか藤沢産コシヒカリで米粉(500g 300円)も製造。

| 1 | 2 | 3 | 4 | 5 | 6 | 7 | 8 | 9 | 10 | 11 | 12 |
|---|---|---|---|---|---|---|---|---|----|----|----|

## 取扱販売店

**JAさがみ わいわい市 藤沢店**

〒252-0812
神奈川県藤沢市亀井野2504
TEL.0466-90-0831

[営業時間]
9:30〜17:00(3〜9月は18:00)
定休日 毎月第3水曜日、
年末年始(12/31〜1/3)
ほか、直売(電話またはFAX受付)あり。

関東

# 24 松本農園
神奈川県

〒259-0202 神奈川県足柄下郡真鶴町岩898-7　TEL.0465-68-0330　FAX.0465-68-2116
E-mail : mikan-dog@nifty.com　http://homepage3.nifty.com/agri

**OB DATA**
松本 茂　農学部農業拓殖学科　昭和48年卒
松本 紀子　農学部栄養学科　昭和50年卒
松本 悟　生物生産学部産業経営学科　平成10年卒

■ ルーツ産業
- 果樹（みかん）
- みかん狩り
- Pleasure Farm

■ 経営概要
創　業…1880年
経営内容…果樹（みかんの栽培、販売）、観光農園
経営面積…5ha
従業員数…5名

## 相模湾を望む広々とした憩いの空間
## 絶景とみかんと犬で最高のおもてなし

　神奈川県西南部、箱根の南東に位置し、相模湾を望む真鶴半島。海を望む高台に、松本農園がある。「黄金なす みかんの園を駆け巡り 子らは一日 秋を楽しむ」。現当主である松本茂氏は、農園二代目である祖父雲舟漁翁の歌が描く情景を描きながら、観光農園として50年の歴史を守ってきた。眼下に相模湾の海が光り、晴れた日には横浜ランドマークや東京スカイツリーも見渡せる景観と、緑に囲まれた憩いの場は、みかん狩りや水仙の花摘みなどで自然とふれあう場として観光客を和ませている。また、園内にはバーベキュー広場やドッグランもあり、犬連れの観光客にも好評。さらに園で飼育している犬のレンタルや子犬販売も行うなど、農園にとどまらないサービスを展開している。

### アピールPOINT

　緑に囲まれた中、みかん狩りを通して自然のおいしさを、水仙の花摘みで美しさを、ワンちゃんと遊んで癒しを提供しています。園自慢の名産品、温州みかんは除草剤を一切使用せず草生栽培に徹し、農薬は最低限に抑え、エチレンガスやワックスによるお化粧もしない、個人園だからこそできる自然に近いみかんです。

松本 茂氏と紀子夫人

## 主要品目の紹介

### 温州みかん（贈答用）

10kg 3,240円

草生栽培、低農薬、有機肥料による自然にやさしい栽培法で育ったみかん。ひとつひとつ手で選果されたM〜2Lサイズ。枝つきみかん、銀杏またはレモンほか、箱の中うれしいおまけも。ご自宅用廉価品もあり。

| 1 | 2 | 3 | 4 | 5 | 6 | 7 | 8 | 9 | 10 | 11 | 12 |
|---|---|---|---|---|---|---|---|---|----|----|----|
|   |   |   |   |   |   |   |   |   |    | ●—|—●|

### ドッグラン、レンタル犬

入園料大人540円小人210円犬無料

広々としたドッグランでワンちゃんたちと楽しむ。レンタル犬貸し出しあり。（チワワ／トイプードル1匹90分1,080円）

### 水仙花摘み

お持ち帰り30本 1,080円

みかん畑の中にある水仙ロードをお散歩しながら花摘みを楽しむ。

| 1 | 2 | 3 | 4 | 5 | 6 | 7 | 8 | 9 | 10 | 11 | 12 |
|---|---|---|---|---|---|---|---|---|----|----|----|
|●—|●|   |   |   |   |   |   |   |    |    | ● |

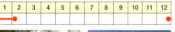

### マウンテンバイク、クロスカントリーコース

入園料大人540円

関東

## 取扱販売店

**松本農園**

〒259-0202
神奈川県足柄下郡真鶴町岩898-7
TEL.0465-68-0330
FAX.0465-68-2116
http://homepage3.nifty.com/agri/mikanshop.html
［営業時間］
9:00〜16:30（夏場は17:30まで）

# 25 新潟県 有限会社 上野新農業センター

〒959-3214 新潟県岩船郡関川村上野新55-4　TEL.0254-64-0676　FAX.0254-64-0860
E-mail: uenoshinnc@qj8.so-net.ne.jp

## OB DATA

**大島 毅彦**
生物産業学部産業経営学科
平成8年卒

■ ルーツ産業
- 1次: 稲
- 2次: 餅加工
- 3次: 販売

■ 経営概要
- 創　業…2005年
- 経営内容…水田、餅加工、農作業受請
- 経営面積…10ha
- 従業員数…10名

## 良質のもち米「こがねもち」を自家生産 一臼一臼丹精込めてお客様へ届ける

　飯豊連峰のふもと、大自然に囲まれた豊かな田園地帯にある農業生産法人の上野新農業センターは美しい四季折々の中で美味しい手作りの「光兎(こうさぎ)もち」を作り続けている。お米作りは土作りからをモットーに、育苗に使う土も作り、丈夫に育った苗から丹精込めて育てたお米は自慢の一品。もち米も地元関川村コシヒカリと同じ土壌で作っている。つきあがった餅は1年を通じて愛される商品となり、現在は草もち(ヨモギの新芽を使用)、みそもち(関川村産大豆100%使用)、豆もち(有機農法で栽培された青豆を使用)、しそもち(赤しそ入り)、白もち、栃もちがラインナップに。清流・女川が育んだ大地と清らかな水が自慢の逸品を育ててくれる。

### アピールPOINT

　きれいな水、昼夜の温度差、肥沃な土壌が、おいしい米が作られる秘密です。四方の山々から注ぎ込む養分に富んだ水をたっぷりと蓄えた土壌。内陸性の気候で、昼間は十分な日照りがありつつ、夜になると冷え込みが厳しく、そのために米一粒一粒にしっかりとでんぷんが貯えられることになるのです。

大島毅彦氏

## 主要品目の紹介

### 光兎もち(白)

300g 378円

良質のもち米「こがねもち」を自家生産し、一臼一臼丹精込めてつくるコシの強さと味が自慢の手作り餅。

| 1 | 2 | 3 | 4 | 5 | 6 | 7 | 8 | 9 | 10 | 11 | 12 |
|---|---|---|---|---|---|---|---|---|----|----|----|

### 光兎もち (豆、草、しそ、みそ)

各300g 432円

各種類を詰め合わせたギフトセット。

| 1 | 2 | 3 | 4 | 5 | 6 | 7 | 8 | 9 | 10 | 11 | 12 |
|---|---|---|---|---|---|---|---|---|----|----|----|

### 光兎もち(栃)

300g 648円

近隣の山々で採れた天然の栃の実を使用。独特の風味で人気。

| 1 | 2 | 3 | 4 | 5 | 6 | 7 | 8 | 9 | 10 | 11 | 12 |
|---|---|---|---|---|---|---|---|---|----|----|----|

## 取扱販売店

**有限会社**
**上野新農業センター加工場**

〒959-3214
新潟県岩船郡関川村上野新55-4
TEL.0254-64-0101

[営業時間]
8:00～17:00

# 26 新潟県 株式会社 曽我農園

〒950-3304 新潟県新潟市北区木崎1799 TEL/FAX.025-288-6806
E-mail : pasmal0220@gmail.com　http://sogafarm.main.jp

**OB DATA**

曽我 新一
代表取締役
農学部国際農業開発学科
平成12年卒

■ルーツ産業
- 1次 野菜
- 2次 ジュース
- 3次 販売

■経営概要
創　業…1964年（法人設立2012）
経営内容…野菜
経営面積…5ha
従業員数…8名

## トマトの名産地で、トマトを極める
## テーマは「おいしいの向こう側へ」

　曽我農園は新潟県内有数のトマトの産地、新潟市北区新崎にある。美しい見た目と瑞々しさ、見た目の想像を裏切らない鮮烈な味わい。農園のテーマは「おいしいの向こう側へ」。食べる人の笑顔を想像しながら手塩にかけて野菜を育てている。代表的な「金筋トマト」は、見た目には高糖度の証である褐色のスターマーク、そして甘味とバランスのとれた酸味で、濃縮された旨味が特長。「塩フルティカ」は、土壌のミネラルをたっぷり吸収して育った中玉品種で、「金筋トマト」に比べ酸味が控えめで鮮烈な甘味が特長。この2品種は2012年野菜ソムリエサミットにて大賞をダブル受賞。また、季節限定の「新崎アスパラガス」や新潟の特産枝豆「曽我茶豆」など、味にこだわった農産物を生産するほか、「金筋トマトジュース」の製造・販売も行っている。

おいしいの向こう側へ！

### アピールPOINT

　祖父の代に開園して50年。めまぐるしく移り変わる時代の中、ずっとトマトでやってきました。ひたすらにトマトと向かい合って教えてもらったことは「おいしいの向こう側へ」ということ。食べた人が幸せな気持ちになる。贈られた人が笑顔になる。買った人がわくわくする。私たちはそのために、今日もトマトと向かい続けます。

曽我新一 代表

## 主要品目の紹介

### 金筋トマト

1玉 200円～300円

尻の部分から出る放射状のスターマークが「金筋」の由来。圧倒的な甘みと酸味、そして旨みが凝縮された曽我農園を代表するトマト。

| 1 | 2 | 3 | 4 | 5 | 6 | 7 | 8 | 9 | 10 | 11 | 12 |
|---|---|---|---|---|---|---|---|---|----|----|----|
|   |   |   | ● | ━ | ● |   |   |   |    |    |    |

### 塩フルティカ

1袋（250g）400円

土壌の塩類濃度を高め吸水を制限することで作り出す高糖度トマト。お子様のトマト嫌いが治る、「スイーツ」と呼びたくなるトマト。

| 1 | 2 | 3 | 4 | 5 | 6 | 7 | 8 | 9 | 10 | 11 | 12 |
|---|---|---|---|---|---|---|---|---|----|----|----|
|   | ● | ━ | ● |   |   |   | ● | ━ | ●  |    |    |

### 金筋トマトジュース（黒ラベル）

720ml 2,500円

金筋トマト100％使用の、濃厚なジュース。贈答品としても喜ばれる。金筋トマトと中玉トマトをブレンドして飲みやすくした「白ラベル」は720ml 2,000円。

| 1 | 2 | 3 | 4 | 5 | 6 | 7 | 8 | 9 | 10 | 11 | 12 |
|---|---|---|---|---|---|---|---|---|----|----|----|
| ● | ━ | ━ | ● |   |   |   |   | ● | ━  | ━  | ●  |

甲信・北陸・東海

## 取扱販売店

**株式会社曽我農園直売所**
〒950-3304
新潟県新潟市北区木崎1799
TEL/FAX.025-288-6806

[営業時間]
AM10:00～11:45/PM13:00～15:00

その他取扱販売店　「とんとん市場松崎店」ネットはピカリ産直市場「お富さん」http://www.otomisan.com/farmer/soga-nouen/

# 27 タカツカ農園

新潟県

〒956-0865 新潟県新潟市秋葉区善道町2-11-29　TEL.0250-22-0775　FAX.0250-22-0775
E-mail : takatsuka-farm@clock.ocn.ne.jp　http://www.takatsuka-farm.com

## OB DATA

**高塚 俊郎**
農学部農業経済学科
平成5年卒

■ ルーツ産業
- 1次 水田・果樹・野菜
- 2次 農産物加工品製造
- 3次 直売・委託販売

■ 経営概要
- 就　　農…1999年
- 経営内容…水田、果樹、野菜、農産物加工品製造・販売
- 経営面積…15ha

## 他産業と連携して環境に取り組むことで利益が産まれる仕組みを確立したい

　米どころ新潟で、タカツカ農園を営む高塚俊郎氏は東京農大卒業後、JA共済連全国本部に就職。平成11年に退職し新潟へUターン、農家となった。以後、米作を中心に、とうもろこし、柿を栽培する一次産業だけでなく、ジャムや米粉などの加工品の製造および販売と、6次産業に取り組んでいる。また、農業という産業の枠を超え、他産業と連携して環境に取り組むことで利益が生まれるような仕組みを考え、チャレンジを続けている。経営方針は「常に明るく、楽しく仕事をします」「常に専門知識・技術の向上に努めるとともにチャレンジ精神を忘れないようにします」「食べてくださるお客様の立場から考えた農産物作りを旨とします」「食べてくださるお客様に、新しい発見と感動を与えられるものを育てていきます」「作物を育てるだけではなく、いろいろな『食べ方』も提案していきます」。

地元の小学生への農業体験授業

### アピールPOINT

　次世代を担う子供たちに楽しい「食の記憶」を提供するために事業を通じて貢献したい。そのために、「土、水、太陽、空気、いろいろな生き物…」。作物は、これらの豊かな自然のバランスによって育まれるものという基本を忘れず、旬を大切にし、本来作物が持っている「ちから＝おいしさ」を最大限引き出すよう努力します。

高塚俊郎氏

## 主要品目の紹介

### 米

1kg 440円

新潟県認証の特別栽培米。農薬を慣行から8割以上減らし、有機質肥料でていねいに育て上げた安全でおいしいお米。

| 1 | 2 | 3 | 4 | 5 | 6 | 7 | 8 | 9 | 10 | 11 | 12 |
|---|---|---|---|---|---|---|---|---|----|----|----|
| ●━|━━|━━|━━|━━|━━|━━|━━|━━|━━━|━━━|━●|

### はっちん柿・ごまはっちん柿

1箱(12〜14個)3,000円〜

草生栽培で、土作りからこだわった自慢の柿。味のために手間を惜しまず、焼酎を使った昔ながらの渋抜きで滑らかな食感と抜群の甘さを実現。また、樹になったまま渋抜きした、カリカリとした食感の「ごまはっちん柿」も製造。

| 1 | 2 | 3 | 4 | 5 | 6 | 7 | 8 | 9 | 10 | 11 | 12 |
|---|---|---|---|---|---|---|---|---|----|----|----|
|   |   |   |   |   |   |   |   |   | ●━●|    |    |

### フルーツジャム

150mg 550円

新潟県内でとれた旬の一番おいしい時の果物を手作りで仕上げたジャム。越後姫いちご、藤五郎梅、ル・レクチエ(高級洋梨)など、10種類以上ある。

| 1 | 2 | 3 | 4 | 5 | 6 | 7 | 8 | 9 | 10 | 11 | 12 |
|---|---|---|---|---|---|---|---|---|----|----|----|
| ●━|━━|━━|━━|━━|━━|━━|━━|━━|━━━|━━━|━●|

甲信・北陸・東海

## 取扱販売店

**タカツカ農園**
〒956-0865
新潟県新潟市秋葉区善道町2-11-29
TEL.0250-22-0775
FAX.0250-22-0775

お電話、メールなどで
お問い合わせください

**その他取扱販売店** 　道の駅「花夢里にいつ」内の農産物直売所「新鮮組」

# 有限会社 農園ビギン

新潟県

〒947-0044 新潟県小千谷市坪野1381-1　TEL.0258-89-6662　FAX.0258-82-9848
E-mail：satumaimo.imoyuki@hotmail.co.jp　http://www.nouenbigin.jp

## OB DATA

**新谷 梨恵子**
専務取締役
農学部国際農業開発学科
平成12年卒

### ルーツ産業
- 1次：米・野菜・果実
- 2次：米加工品製造
- 3次：直売・委託販売

### 経営概要
- 創業…1990年
- 経営内容…水田、畑作、野菜加工品製造、販売
- 経営面積…25ha
- 従業員数…7名

## 地産地消と地域の活性化、後継者育成を農からつながる絆を大切に育む

　米どころ新潟の中央に位置し、信濃川と山々に囲まれた自然豊かな小千谷で、地域社会への関わりを大切に考え、地産地消を第一に地域に密着した取り組みを行っているのが、2013年6次産業化法に基づく総合事業計画が認定された農園ビギン。魚沼産コシヒカリを中心に、初夏はアスパラガス、夏からスイカ、メロン、トマト、秋にはネギ、カリフラワー、さつまいもと、旬の野菜と果物を。特に10月から3月にかけては黄色、紫、オレンジ、白とさまざまな色合いのさつまいもを使ったスイーツも製造・販売している。また、小千谷地域の活性化のためのイベント販売や学校給食への提供、農作業体験イベントの企画・開催など、「農」をベースにした活動も着実に拡がりをみせている。

非農家の若者が集まる農業法人です！

### アピールPOINT

　「おいしい笑顔を育てたい」という想いをもちながら、生産・加工・販売までを手掛けています。一年を通じておいしい新潟の味をたくさんの方々に伝え、「農園ビギン」ファンを作っていきたいと思います。
　「笑う門にはいも来る」という農園ビギンブログを4年間毎日更新中。さつまいもや野菜に対する想いを伝えるおもしろ愉快なブログです。
農園ビギンブログ▶ http://blog.goo.ne.jp/noenbigin

新谷梨恵子 専務

## 主要品目の紹介

### 魚沼産コシヒカリ

1kg 700円～

県内でも有数の豪雪地帯である小千谷ならではの、雪解け水を利用した米はつやつやでモチモチのおいしさ。従来のコシヒカリと、いもち病に抵抗を持つよう改良された「コシヒカリBL」の2種。

| 1 | 2 | 3 | 4 | 5 | 6 | 7 | 8 | 9 | 10 | 11 | 12 |
|---|---|---|---|---|---|---|---|---|---|---|---|
| ● |   |   |   |   |   |   |   |   |   |   | ● |

### メロン

700円～

味も香りも極甘の「ユウカ」と、マイルドな味わいの「キスミー」の2種。ともに皮際までとろけるような旨み。

| 1 | 2 | 3 | 4 | 5 | 6 | 7 | 8 | 9 | 10 | 11 | 12 |
|---|---|---|---|---|---|---|---|---|---|---|---|
|   |   |   |   |   |   | ● | ● |   |   |   |   |

### さつまいもプリン

180円～

卵・添加物不使用のさつまいもプリン。3種類のさつまいもを使用し、砂糖は最小限で低カロリー。新潟県内の学校給食で広く利用されており、小千谷市の新しい名物となっている。他にすぃーとぽてと、さつまいもまんじゅうもある。

| 1 | 2 | 3 | 4 | 5 | 6 | 7 | 8 | 9 | 10 | 11 | 12 |
|---|---|---|---|---|---|---|---|---|---|---|---|
| ● | ● |   |   |   |   |   |   |   | ● |   | ● |

## 取扱販売店

**有限会社 農園ビギン**
〒947-0044 新潟県小千谷市坪野1381-1　TEL.0258-89-6662　FAX.0258-82-9848　http://www.nouenbigin.jp

# 29 石川県 ぶどうやさん・西村

〒922-0304 石川県加賀市分校町263-5　TEL.0761-74-0093
E-mail：budouya@po.incl.ne.jp

**OB DATA**

西村 等
農学部醸造学科
昭和53年卒

■ルーツ産業
- 1次　果樹
- 2次　加工・製造
- 3次　販売

■経営概要
創　業…1978年
経営内容…果樹
経営面積…2ha
従業員数…2名

## まじめに30余年 歳月をかけた土作りで はちみつのような完熟ぶどうが美味しい！

「ぶどうやさん・西村」は30年以上にわたって、地元のお客に愛されるぶどうを作り続けている。肥料は堆肥だけで、科学肥料は不使用。農薬も予防防除に徹し、回数と濃度を減らす努力を怠らない。そのため、畑にはもぐらやミミズが多く生息し、土壌の団粒化に貢献してくれている。化学肥料を使わないぶどうは、完熟ではちみつのような甘さが特徴だ。

秋の堆肥撒き風景

### アピールPOINT

ぶどうを育てるにあたり、効率を考えれば化学肥料になるのかもしれませんが、それでは、樹体がくるってしまいます。30年まじめに堆肥による土作りをした結果、甘くえぐみの少ないぶどうができました。これまで、世に出てきた数々のぶどうの品種の中で優れたものや特徴的なものを育成してお届けしております。堆肥による土作りで出来上がった100％天然のぶどう果汁。完熟ぶどう仕込みでちょっと濃いめに仕上がりました。

西村等氏

## 主要品目の紹介

### ぶどうジュース(デラウェアー)

720ml 1,296円

100%天然ぶどう果汁使用。糖類、酸味料、香料、防腐剤など無添加でお子様でも安心して飲める今までと全く違ったタイプの果汁飲料。
特徴:蜂蜜のような甘さ

| 1 | 2 | 3 | 4 | 5 | 6 | 7 | 8 | 9 | 10 | 11 | 12 |
|---|---|---|---|---|---|---|---|---|----|----|----|

### ぶどうジュース(ブラック・オリンピア)

720ml 1,296円

100%天然ぶどう果汁使用。糖類、酸味料、香料、防腐剤など無添加でお子様でも安心して飲める今までと全く違ったタイプの果汁飲料。
特徴:巨峰に似た上品な甘さ

| 1 | 2 | 3 | 4 | 5 | 6 | 7 | 8 | 9 | 10 | 11 | 12 |
|---|---|---|---|---|---|---|---|---|----|----|----|

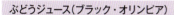
ぶどうジュース(デラウェアー)

### ぶどうジュース(マスカット・ベリーA)

720ml 1,296円

100%天然ぶどう果汁使用。糖類、酸味料、香料、防腐剤など無添加でお子様でも安心して飲める今までと全く違ったタイプの果汁飲料。
特徴:酸味と軽い渋みのあっさり系

| 1 | 2 | 3 | 4 | 5 | 6 | 7 | 8 | 9 | 10 | 11 | 12 |
|---|---|---|---|---|---|---|---|---|----|----|----|

ぶどうジュース(ブラック・オリンピア)

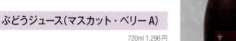
ぶどうジュース(マスカット・ベリーA)

### 取扱販売店

**JAグリーン加賀
農産物直売所「元気村」**
〒922-0423
石川県加賀市作見町ホ10番地1
TEL.0761-75-7100

[営業時間]
8:30～18:30(毎週火曜定休)

甲信・北陸・東海

# 有限会社ほんだ

30 石川県

〒923-1116 石川県能美市小長野町チ40　TEL.0761-57-2098
E-mail : hondamk@aqua.ocn.ne.jp　http://www.hondanojo.com

**OB DATA**

本多 宗勝
代表取締役
農学部農学科
昭和42年卒

■ ルーツ産業
- 1次：米栽培・鶏卵
- 2次：加工・製造
- 3次：販売

■ 経営概要
創　業…1996年
経営内容…米、鶏卵
経営面積…15ha
従業員数…8名

## 加賀百万石の肥沃な大地での米作り
## 人と地球を考え、美味しさNO.1を目指す

石川県の田舎都市、能美市に農場を構える有限会社ほんだの歴史は古く、始まりは室町時代。霊峰白山からの清流が加賀百万石といわれる肥沃な土壌を生んできたが、この地で無農薬、有機栽培のお米の生産や健康たまごの販売をおこなっている。あいがも農法有機米、EM（有用微生物）農法無農薬米、自然農法米、エコ米といった幅広い取り組みは、「人のこと・地球のことを考えて」というモットーが根底にある。ホームページでは、新鮮で美味しいお米を定期的に食べられる「年間契約」が申し込めるのも好評だ。乳酸菌とビタミン強化飼料で育った鶏から生まれた健康たまごの他、食べられる米ぬかや米粉で作ったロールケーキも扱っている。

安全・安心の有機米

### アピールPOINT

人のこと、地球のことを考えてをモットーに長期（19年間）にわたって環境と健康に気を配った安全、安心の有機栽培農業に取り組んでいます。霊峰白山の清流と乳酸菌、酵母菌などの有用菌で米ぬか、卵殻などを発酵させた有機発酵ぼかし肥料で19年間以上農薬化学肥料を一切使用せず栽培した残留農薬全くない安全・安心のJAS認定の有機米です。収穫した米は抗酸化力の強い安全な米であり地域的にも放射能の影響もありません。

本多宗勝 代表

## 主要品目の紹介

### 有機米「土の詩」

10kg 8,800円

微生物発酵肥料で無農薬・無化学肥料の有機栽培の安全・安心のお米。

| 1 | 2 | 3 | 4 | 5 | 6 | 7 | 8 | 9 | 10 | 11 | 12 |
|---|---|---|---|---|---|---|---|---|----|----|----|

### 特栽米「自然の恵み」

10kg 6,000円

有機肥料で栽培。除草剤1度のみで農薬散布なしの98%減栽培。

| 1 | 2 | 3 | 4 | 5 | 6 | 7 | 8 | 9 | 10 | 11 | 12 |
|---|---|---|---|---|---|---|---|---|----|----|----|

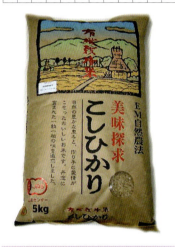

### 美の里たまご

25コ入り 1,200円／50コ入り 2,000円

乳酸菌発酵飼料で育てた健康なニワトリから生まれた美味しい健康たまご。

| 1 | 2 | 3 | 4 | 5 | 6 | 7 | 8 | 9 | 10 | 11 | 12 |
|---|---|---|---|---|---|---|---|---|----|----|----|

### 取扱販売店

**有限会社ほんだ**
〒923-1116
石川県能美市小長野町チ40
TEL.0120-77-2098

［営業時間］
9:00〜20:00（日祝日除く）

# 31 石川県 株式会社マルガー

〒921-8804 石川県野々市市野代1-20-101　TEL.076-246-5580　FAX.076-246-5580
E-mail : info@malgagelato.jp　http://malgagelato.jp

## OB DATA

**柴野 大造**
代表取締役
農学部農業開発学科
平成10年卒

■ ルーツ産業
- 1次　酪農
- 2次　乳製品製造
- 3次　直売・委託販売

■ 経営概要
創　業…2000年
経営内容…乳加工品製造、販売
従業員数…10名

## 酪農の未来、地元産業の未来を見据えて開業
## 奥能登産の生乳と素材で作るジェラート

家業は石川県・奥能登で35年続く酪農家で、乳牛50頭余りを飼育する牧場を営んでいた。大学卒業後、家業で就農するうち、従来のスタイルでは農産物自由化に対応できないと判断し、乳製品加工業に着目。業界の生き残りのためにも生乳自体に付加価値をつけ、より多くの人に奥能登の自然の味わいを伝え、消費者から顔の見える生産者でありたいという思いで、当時酪農家が手掛ける北陸初のジェラートショップを開業。奥能登の生乳100%をベースに、地域素材を活かしたオリジナルジェラートを次々と開発し、全国からジェラート開発オファーが絶えない。また、マイナス196度の液体窒素を使った魅せるパフォーマンス「ジェラートイリュージョン」を開発し世界・全国でツアーを敢行、2014年ジェラート世界大会（イタリア開催）でトップ10入り、地元・能登町ふるさと大使に就任するなど枠を超えて活躍の場を広げている。

毎日出来立てのジェラートが常時12種類並ぶ

### アピールPOINT

安全で美味しいジェラートを提供することはもちろんですが、今後はさらにジェラートの可能性を追求していきます。作り手のこだわりとあたたかみが伝わってくるような唯一無二のストーリーのある商品作りを心掛け、石川県発信の手作り乳製品の総合メーカーを目指していきます。

柴野大造 代表

## 主要品目の紹介

### ジェラート

90ml 290円～

奥能登の生乳100%使用。地場産の素材(果物、野菜、海産物など)の味を最大限に活かした独特のフレーバーが人気。通年可(一部期間限定希少フレーバーあり)

| 1 | 2 | 3 | 4 | 5 | 6 | 7 | 8 | 9 | 10 | 11 | 12 |
|---|---|---|---|---|---|---|---|---|---|---|---|

### モッツァレラチーズ

100g 640円

奥能登の生乳100%使用。つきたてのお餅のようなチーズを能登の海洋深層水の熱湯の中で練ってねじとった、石川県商工会特産品コンクール優秀賞受賞の自家製フレッシュチーズ。

| 1 | 2 | 3 | 4 | 5 | 6 | 7 | 8 | 9 | 10 | 11 | 12 |
|---|---|---|---|---|---|---|---|---|---|---|---|

### ヨーグルト

150ml 290円

奥能登の生乳100%使用。

| 1 | 2 | 3 | 4 | 5 | 6 | 7 | 8 | 9 | 10 | 11 | 12 |
|---|---|---|---|---|---|---|---|---|---|---|---|

## 取扱販売店

**株式会社マルガー**
〒921-8804
石川県野々市市野代1-20-101
TEL.076-246-5580
FAX.076-246-5580
http://malgagelato.jp

[営業時間]
11:00～18:00 (不定休)

**その他取扱販売店**　「能登本店」「野々市店」

## 有限会社 本葡萄園

石川県

〒920-0171 石川県金沢市岩出町ハ50-1　TEL.076-258-0001　FAX.076-258-5802
E-mail：budoonoki@budoo.co.jp　http://www.budoo.co.jp

### OB DATA

**本 昌康**
代表取締役社長
農学部 農学科
昭和50年卒

■ルーツ産業
- 1次：果樹
- 2次：加工・製造
- 3次：販売

■経営概要
- 創　業…1989年
- 経営内容…果樹
- 経営面積…2ha
- 従業員数…8名

## ぶどうをテーマにした一大テーマパーク
## ぶどう園では50種類以上のぶどうを栽培

　本葡萄園の中にたたずむ「ぶどうの木」は、ぶどうをテーマにした一大テーマパークだ。果樹園だけでなく、レストランやウエディング運営もしている。ぶどう園では50種類以上のぶどうを栽培。7～10月には収穫したてのぶどうが次々と直売所に並ぶ。人気なのは皮ごと食べられる品種で、石川県のオリジナル品種「ルビーロマン」を始め、大きな実がごろりとぶら下がっているぶどう棚は壮観の一言。また、窓の外に広がるぶどう畑の風景を眺めながら食事ができるイタリアンカフェ、フレンチレストランがあり、お土産に嬉しい洋菓子工房もある。金沢に広がる広大なぶどう園。個人、団体問わずぜひとも訪れたいスポットだ。

石川県産ブランドぶどう「ルビーロマン」

### アピールPOINT

　種なしぶどうで日本人に最も愛されているデラウェア、赤色の最高級品種のオリンピア、人気NO.1のリザマート、25万円で競り落とされたプレミアムなルビーロマンなど、本葡萄園が栽培しているぶどう品種は50種類以上です。自園で交配したオリジナル品種もあり、7月～10月には収穫したてのぶどうが直売所に並びます。

本昌康 社長

## 主要品目の紹介

### ぶどう

時価

50種類以上のぶどうを栽培し、収穫したてのぶどうを直売所で販売。皮ごと食べられる種無し品種が人気。

| 1 | 2 | 3 | 4 | 5 | 6 | 7 | 8 | 9 | 10 | 11 | 12 |
|---|---|---|---|---|---|---|---|---|---|---|---|
|   |   |   |   |   |   | ● | ━ | ━ | ● |   |   |

### ぶどう畑のジュース

(小) 180ml 378円／(大) 210ml 540円

広大なぶどう畑で完熟するまで待って収穫されたぶどうを、手搾りで丁寧に瓶詰めした。

| 1 | 2 | 3 | 4 | 5 | 6 | 7 | 8 | 9 | 10 | 11 | 12 |
|---|---|---|---|---|---|---|---|---|---|---|---|
| ●━|━━|━━|━━|━━|━━|━━|━━|━━|━━|━━|━● |

### ぶどう畑のジャム

1瓶 150g 594円

アーリースチューベン、紅伊豆、ヒムロッドシードレスなどめずらしい品種のジャムをコトコト煮込んで作る。

| 1 | 2 | 3 | 4 | 5 | 6 | 7 | 8 | 9 | 10 | 11 | 12 |
|---|---|---|---|---|---|---|---|---|---|---|---|
| ●━|━━|━━|━━|━━|━━|━━|━━|━━|━━|━━|━● |

## 取扱販売店

**有限会社本葡萄園**
〒920-0171
石川県金沢市岩出町
　　　　　ハ50-1
TEL.076-258-0001
FAX.076-258-5802
http://www.budoo.co.jp

※ぶどうのみのご購入は
　TEL.076-258-0202にご連絡下さい

甲信・北陸・東海

# 朝日農友農場

33 福井県

〒916-0133 福井県丹生郡越前町比庄46-17　TEL.0778-34-0513　FAX.0778-34-1834
E-mail : asahi33s@yu.incl.ne.jp　http://www.noyufarm.jp

**OB** DATA

**清水 豊之**
農学部農業拓殖学科
昭和50年卒

■ ルーツ産業
- 1次　水田・果樹
- 2次　発芽玄米
- 3次　販　売

■ 経営概要
創　業…1982年
経営内容…米、果物、加工品の生産・販売
経営面積…10ha
従業員数…1名

## 越前・気比庄の地を生かした農産物を、研究と技術鍛錬で磨き上げて全国へ

その昔梨の産地であった福井県・気比庄にある朝日農友農場。水田と果樹栽培の農場では、家族経営＋産直方式による販売など自己完結型農業を目指し実践してきた。主力商品は米（無農薬コシヒカリ。ミルキークイーン、減農薬キヌヒカリ）、桃（あかつき、清水白桃）、ぶどう（スチューベン、ノースレッド）、米加工品。消費の現場を常にリサーチし、消費者ニーズに添った品種と栽培方法の導入を心がけ、取り入れた品種の特性を把握し、栽培技術の鍛錬に集中し、ハイレベルな農産品の生産・販売を行なっている。その結果、顧客は北海道から沖縄まで全国各地に広がった。また、社会活動にも積極的に参加、海外でも現地農業者支援を行なっている。

再生紙を敷きながら田植作業

### アピールPOINT

農場名の「朝日」は農業を始めた時の町名＝朝日町からで、「農友」は、農業研修生として米国に渡った時の農水省所管団体「国際農友会」（現（社）国際農業者交流協会）から"初心忘るべからず"の精神を大切にしたいという意味です。農産物の生産は、太陽、水、大地などの自然が持つ無限の力を「生命力」として凝結させるものであり、そこにわずかを加えることで、私たち農業者はその恵みに浴しています。より安全で、新鮮な農産物を安心して食べられるよう、精一杯努力することが「食」にたずさわる者の使命だと考えます。

清水豊之氏

## 主要品目の紹介

### 米

玄米 5kg 3,000円／玄米 10kg 5,900円／白米 5kg 3,200円

田んぼの表面に紙を敷いて雑草の発生を抑える「紙マルチ栽培」を取り入れ、「福井県認証特別栽培農産物」として、農薬を全く使わないお米を生産、産直方式にて対面あるいはインターネット通販にて消費者に通年販売。

| 1 | 2 | 3 | 4 | 5 | 6 | 7 | 8 | 9 | 10 | 11 | 12 |
|---|---|---|---|---|---|---|---|---|----|----|----|
| ● |   |   |   |   |   |   |   |   |    |    | ●  |

### 桃

2kg 2,100円

一部有機肥料も使用しながら、樹上で熟させてから収穫。JA直売所での小口販売や直接消費者に販売。品種は糖度も高く品質的にも良好な「あかつき」「清水白桃」を取り入れている。独自開発の2kg入り箱での提供が好評。

| 1 | 2 | 3 | 4 | 5 | 6 | 7 | 8 | 9 | 10 | 11 | 12 |
|---|---|---|---|---|---|---|---|---|----|----|----|
|   |   |   |   |   |   |   | ●─● |   |    |    |    |

### 発芽玄米

5kg 800円

福井県認証特別栽培米で生産したミルキークイーン米を、3年がかりで開発した独自の加工工程で籾発芽させ、発芽玄米を生産。加工米ながら高い食味値を維持、炊きたてのプチプチ食感が好評。

| 1 | 2 | 3 | 4 | 5 | 6 | 7 | 8 | 9 | 10 | 11 | 12 |
|---|---|---|---|---|---|---|---|---|----|----|----|
| ●─●─●─●─●─●─●─●─●─●─●─● |

甲信・北陸・東海

## 取扱販売店

**朝日農友農場**
〒916-0133
福井県丹生郡越前町比庄46-17
TEL.0778-34-0513
FAX.0778-34-1834
E-mail:asahi33@yu.incl.ne.jp
　　　webmaster@noyufarm.jp
http://www.noyufarm.jp

［営業時間］
8:00～17:00（祝祭日休）

その他取扱販売店　「ネットショップ（厳選米.com）」「JA越前丹生直売所（膳野菜）」

# 34 山梨県 あんぽ柿作業所（小野様宅）

〒400-0215 山梨県南アルプス市上八田1312-1　TEL.055-285-3279

**OB DATA**

小野 勝
農学部農業拓殖学科
昭和44年卒

■ ルーツ産業
- 1次：果樹
- 2次：加工・製造
- 3次：販売

■ 経営概要
- 創業…1964年
- 経営内容：果樹
- 経営面積…0.8ha
- 従業員数…2名

## 南アルプスの果樹栽培に適した地で作られる伝統のアンポ柿とギネスブック登録のスモモ

あんぽ柿作業所は南アルプス市の白根地区は御勅使川の扇状地で砂礫土のため果樹栽培に適していて、様々な果樹を栽培している。主力のアンポ柿は、冬の乾燥した気候を利用して古くから生産されている特産品。その味はややねっとりとした食感と、干すことによって柿独特の甘さが増し、健康食品として喜ばれている。貴陽と名づけ、近年栽培しているスモモは、大きさが250g以上と大玉で果汁が非常に多く、その食感は"スモモの王様"の名にふさわしい絶品。2013年にギネスブックに登録され、話題になったのも記憶に新しい。あんぽ柿作業所の果樹販売はほとんどが農協への出荷となるが、価格が不安定な時期もあり、独自の販売ルートの開拓も行っていきたいと考えている。

柿のつるし作業

### アピールPOINT

渋柿を天日に干して10日余りで作られる「あんぽ柿」は、南アルプス市の伝統的な特産品です。収穫の最盛期は11月に迎えるが、甘味とゼリー状の食感が特徴的で、ビタミンCを多く含み、贈答品としても重宝されています。近年では、ボイラーを利用した機械化生産を行い、品質の安定に取り組んでいます。

小野勝氏

## 主要品目の紹介

### あんぽ柿

1kg 3,000円〜

果物が少ない冬に貴重な存在で、健康食品としても提供される南アルプスの伝統的な特産品。

| 1 | 2 | 3 | 4 | 5 | 6 | 7 | 8 | 9 | 10 | 11 | 12 |
|---|---|---|---|---|---|---|---|---|----|----|----|
|   |   |   |   |   |   |   |   |   | ●──|────|──● |

### 貴陽

1kg 3,500円〜

大玉で糖度が高く、果汁が非常に多い。「スモモの王様」の名にふさわしく食味抜群の高級スモモ。

| 1 | 2 | 3 | 4 | 5 | 6 | 7 | 8 | 9 | 10 | 11 | 12 |
|---|---|---|---|---|---|---|---|---|----|----|----|
|   |   |   |   |   |   | ●─|─● |   |    |    |    |

### 取扱販売店

**あんぽ柿作業所**
〒400-0215
山梨県南アルプス市上八田1312-1
TEL.055-285-3279

［営業時間］
8:00〜17:00

甲信・北陸・東海

# 奥野田葡萄酒醸造株式会社

〒404-0034 山梨県甲州市塩山牛奥2529-3　TEL.0553-33-9988　FAX.0553-33-9977
E-mail : information@okunota.com　http://www.okunota.com

## OB DATA

**中村 雅量**
代表取締役
農学部醸造学科
昭和60年卒

■ ルーツ産業
- 1次：ぶどう栽培
- 2次：ぶどう加工品
- 3次：レストラン事業

■ 経営概要
- 創　業…1989年
- 経営内容…果樹
- 経営面積…2ha
- 従業員数…4名

## 念願の6次化認定
## ワイン造りは、葡萄栽培から始まる

　日当たりのよい斜面と水はけのよい土壌を持つ山梨県甲州市の旧奥野田地区。奥野田葡萄酒醸造は、農業生産法人としてこの地でワイン醸造に最適化した自社農園を運営し、糖度の高い良質の葡萄を使ったワイン造りを行っている。「ワイン造りは質の高い葡萄から」という基本に立ち、

自社農園「日灼圃場」

1989年の醸造開始以来、徐々に栽培面積を増やし、現在は2haを抱えている。栽培品種はカベルネ・ソーヴィニヨン、メルロ、シャルドネ、デラウェアで、ワイン用品種はすべて平垣根栽培、デラウェアは棚栽培で行い、垣根の両面に一日を通して均等に陽があたるよう、畝をすべて真南に向ける工夫をしている。それぞれの品種の特性を生かした美味しさが堪能できる。

### アピールPOINT

　奥野田葡萄酒醸造では甲州市内に、「桜沢圃場」「長門原圃場」「日灼圃場」「神田圃場」の4つの圃場を運営しています。「日灼圃場」は唯一平らな土地にありますが、他の3つは急斜面にあり、垣根の両面に一日を通して陽があたるよう畝をすべて真南に向けています。こうすると正午前後に畝間に当たった強い日差しが地温を上昇させて、葡萄の熟度を高める効果があります。さらに深層から吸い上げる豊かな水によって美味しいワインが造られるのです。

中村雅量 代表

## 主要品目の紹介

### ハナミズキ・ブラン
720ml 2,000円（税抜）

甲州種が持つ果実本来の味わいを最大限に引き出したワイン。葡萄果に付着している野生酵母で低温発酵したのち、丹念なバトナージュにより豊かな香りと奥行きのある味わいを実現。マセラシオンによるややオレンジがかった色調が特徴。

### ローズ・ロゼ
720ml 1,800円（税抜）

華やかな香り、ふくよかな味わいを持つ稀少な黒葡萄のミルズ種を浅く発酵させて仕上げたチャーミングな味わいのロゼワイン。爽やかな甘みと酸味、バラの花やライチ、白桃を思わせる芳香が特徴。外観、香り、味わいをイメージしたラベルもお洒落。

### スミレ・ルージュ
720ml 2,170円（税抜）

奥野田地区で収穫した糖度の高いメルロ種を用いた赤ワイン。スミレやカシスを思わせる華やいだ果実香の中に、ブラックペッパーやミントなどのハーブのニュアンス、香ばしい樽香が感じられる。まろやかな膨らみと奥行きのある味わい。

甲信・北陸・東海

### ●ワインの特徴

ハナミズキ・ブラン

| 1 | 2 | 3 | 4 | 5 | 6 | 7 | 8 | 9 | 10 | 11 | 12 |
|---|---|---|---|---|---|---|---|---|---|---|---|
|  |  |  |  |  |  |  |  |  | ● |  |  |

甘　　　　　　　　　　　　　　　　　辛

スミレ・ルージュ

| 1 | 2 | 3 | 4 | 5 | 6 | 7 | 8 | 9 | 10 | 11 | 12 |
|---|---|---|---|---|---|---|---|---|---|---|---|
|  |  |  |  |  |  |  | ● |  |  |  |  |

軽　　　　　　　　　　　　　　　　　重

ローズ・ロゼ

| 1 | 2 | 3 | 4 | 5 | 6 | 7 | 8 | 9 | 10 | 11 | 12 |
|---|---|---|---|---|---|---|---|---|---|---|---|
| ● |  |  |  |  |  |  |  |  |  |  |  |

甘　　　　　　　　　　　　　　　　　辛

## 取扱販売店

**奥野田葡萄酒醸造株式会社**

〒404-0034
山梨県甲州市塩山牛奥2529-3
TEL.0553-33-9988
［営業時間］
10:00～12:00、13:00～17:00
（水曜定休）
※オンラインショップ
　「奥野田ワイナリー」でも購入可能

その他取扱販売店　「いまでや」「カーヴ・フジキ」「藤小西」「新宿伊勢丹」

# 五味醤油株式会社

36 山梨県

〒400-0861 山梨県甲府市城東1-15-10　TEL.055-233-3661　FAX.055-232-5332
E-mail : info@yamagomiso.com　http://yamagomiso.com

## OB DATA

**五味 仁**
国際食料情報学部生物企業情報学科
平成16年卒

■ ルーツ産業
- 2次：味噌
- 3次：販売

■ 経営概要
- 創業…1868年
- 経営内容…味噌、こうじの製造販
- 経営面積…600坪
- 従業員数…7名

## 「手前味噌の文化を伝えたい」
## 甲州特産の合わせ味噌を製造

明治元年から味噌・醤油の製造を始め、150余年にわたって醸造業を営む五味醤油。現在は味噌を中心に醸造し、小さい規模ながら甲州の地域性を生かした特色ある製品の開発と研究に励んでいる。例えば一口に味噌と言っても、1週間でできるものもあれば、3年をかけて醸造したものもある。五味醤油では小さな会社だからこそ、昔ながらの製法にこだわった手作りの良さが感じられる味噌作りを心がけている。モットーである「手前味噌の文化を伝えたい」という思いから、地域の子どもたちや親御さんを招いた「手前味噌」のワークショップも開催している。味噌だけでなく、山梨で今でも盛んな、各家庭での味噌作りの原料となる糀も販売している。

昔ながらの木桶でみそを仕込みます。

### アピールPOINT

小規模ながら地域性を生かした特長ある製品の開発・研究に励んでいます。家庭的な会社だからこそ、昔ながらの製法にこだわった手作りの良さをポイントに考えています。近年は手前味噌文化の普及に力を入れ、幼稚園や保育園の子どもたち、そのお母さん、また公民館の催しなど、幅広い世代の人との体験を大切にしています。醸造しつつ、その素晴らしさを語り続けられる企業でありたいと願っています。

五味 仁氏

## 主要品目の紹介

### 甲州やまごみそ

500g 500円（税抜）

お米と大麦の2種類の麹をミックスした山梨独自の味噌。米味噌ベースのさっぱり味に、麦の香ばしいコクが特徴。毎日のお味噌汁にも、甲州名物のほうとうにも相性抜群。

| 1 | 2 | 3 | 4 | 5 | 6 | 7 | 8 | 9 | 10 | 11 | 12 |
|---|---|---|---|---|---|---|---|---|----|----|----|

### てまえみそのうた

1,500円

3分で味噌の作り方がわかる、かわいいアニメーションとダンス付きの絵本。山梨県北杜市の保育園や小学校では食育の教材として使われている。

| 1 | 2 | 3 | 4 | 5 | 6 | 7 | 8 | 9 | 10 | 11 | 12 |
|---|---|---|---|---|---|---|---|---|----|----|----|

### 米こうじ

838円

丁寧に醸した元気なこうじ。味噌作りに使用するこうじは旨みと甘みがたっぷり。味噌だけでなく、塩こうじ、甘酒作りにおすすめ。

| 1 | 2 | 3 | 4 | 5 | 6 | 7 | 8 | 9 | 10 | 11 | 12 |
|---|---|---|---|---|---|---|---|---|----|----|----|

甲信・北陸・東海

## 取扱販売店

**株式会社五味醤油**

〒400-0861
山梨県甲府市城東1-15-10
TEL.055-233-3661
FAX.055-232-5332

[営業時間]
9:00～18:00（日、祝休み）

**その他取扱販売店** 山梨県内の農協直売所、道の駅など

# 37 山梨県 有限会社 萩原フルーツ農園

〒405-0034 山梨県山梨市上岩下15　TEL.0553-23-0133　FAX.0553-23-0030
E-mail：hagihara-fruits@fruits.jp　http://www.fruits.jp/~hagihara-fruits

## OB DATA

**萩原 貴司** 代表取締役
大学院農芸化学専攻博士前期課程　平成17年修了

**萩原 一**
短期大学農業科　昭和47年卒

■ルーツ産業
- 1次：果　物
- 2次：果物加工業
- 3次：販売所・カフェ経営・果物狩り営業

■経営概要
- 創　業…2005年
- 経営内容…果樹
- 経営面積…3.5ha
- 従業員数…8名

## もも、ぶどう、さくらんぼが人気の観光農園 環境にやさしい循環型農業を実践

　富士山と甲府盆地が目の前に広がる緑の中で心ゆくまでくだもの狩りができるのが萩原フルーツ農園の魅力だ。お客様に安心で良質なものを届けるため、BM活性堆肥やBM活性水を使用し、減農薬栽培をおこなっている。2014年2月の未曾有な降雪で絶望的状況を覚悟したが、比較的軽い被

当園やまきやカフェから富士山を望む

害におさまってくれたことで例年通りに出荷できたとのこと。食、農業、環境に関する情報を積極的に収集する一環として、県内の農家や企業とやまなし自然塾を組織し、相互交流も欠かさない。太陽の自然の恵みをたっぷり含んだももやぶどうなどをジャムや和スイーツなどに加工して販売。全国発送でのお取り寄せは、年間1万5000件の実績を誇る山梨随一のフルーツ農園だ。

### アピールPOINT

　バクテリア（B）、ミネラル（M）、きれいな水（W）を利用したBMバイオリアクターを導入して、果樹や土壌を健康的に生育させるよう栽培しています。標高約500メートルの傾斜地にある観光園は、陽当たり抜群で寒暖の差が激しく、果物造りには最適な気候風土です。目の前に富士山が広がる絶景は、テレビや映画のロケ地として使われることも。さくらんぼ、もも、ぶどう狩りで訪れたお客様には、併設の「やまきやカフェ」のドリンクも喜ばれています。

萩原貴司 代表

## 主要品目の紹介

### 桃（白鳳・白桃・黄金桃）

2kg（6～8個入り）3,650円

柔らかくジューシーな白鳳。糖度が高く、しっかりとした肉質の白桃。外皮や果肉が黄色く濃厚な味わいの黄金桃。日照時間の長い山梨でも更に南斜面の好条件で栽培している。

| 1 | 2 | 3 | 4 | 5 | 6 | 7 | 8 | 9 | 10 | 11 | 12 |
|---|---|---|---|---|---|---|---|---|---|---|---|
| | | | | | | ● | ● | ● | 品種による | | |

### 枯露柿

2号箱（12～16個入り）5,360円

昔からの伝統的な干し柿。大きな甲州百目を使い、表面に白い粉が乗るまで天日でていねいに干されて造られる。濃厚な甘みと香りが特徴で、日持ちも抜群。

| 1 | 2 | 3 | 4 | 5 | 6 | 7 | 8 | 9 | 10 | 11 | 12 |
|---|---|---|---|---|---|---|---|---|---|---|---|
| | | | | | | | | | | | ●● |

### ジュース

100ml 1,200円

ももなどの果実をそのまま絞り、とろっとした食感がたまらない濃厚ジュース。フルーツそのものの味わいが楽しめるほかにはない一品。牛乳やヨーグルトで割ってフルーツラテにしても美味しい。

| 1 | 2 | 3 | 4 | 5 | 6 | 7 | 8 | 9 | 10 | 11 | 12 |
|---|---|---|---|---|---|---|---|---|---|---|---|
| ●|●|●|●|●|●|●|●|●|●|●|● |

甲信・北陸・東海

## 取扱販売店

**有限会社萩原フルーツ農園**

〒405-0033
山梨県山梨市落合1337
TEL.0553-23-0133

［営業時間］
9:00～17:00（直売所6月～9月末まで）

その他取扱販売店　「フルーツパーク」「富士屋ホテル売店」

# 38 山梨県 ふじもと農園

〒400-0424 山梨県南アルプス市秋山663-5　TEL.055-282-0182　FAX.055-213-5100
E-mail: fujimotofarm@mbr.nifty.com　http://fujimotofarm.net

## OB DATA

**藤本 好彦**
国際食料情報学部食料環境経済学科
平成16年卒

■ ルーツ産業
- 1次：果樹（すもも）
- 2次：果実加工品（すももジャム）
- 3次：直売

■ 経営概要
- 創　業…1925年
- 経営内容…果樹
- 経営面積…1.8ha
- 従業員数…4名

## 祖父の思いを継いで、未来へ「農」を土台とした誇りあるふるさとを育む

2014年に世界文化遺産に登録された富士山麓の北、青い空と肥沃な大地と清流、緑の山々に囲まれた山梨県南アルプス市にあるふじもと農園。かつては養鶏・肉豚の生産とすももの果樹栽培との複合栽培を行っていた祖父の思いを継ぎ、農園を切り盛りしている藤本好彦氏には夢がある。「すももの季節を作りたい」。冬にはみかん、夏にはスイカのような、毎年その時期になると食べたくなるという存在に、すももがなることだ。そのため、すももの栽培から加工品まで、すももに特化した経営を行っている。栽培品種は実に30種にも及ぶ。自家不結実性の品種が多いすももの栽培は、手のかかる人工授粉が欠かせず、開花時期の晩霜対策にも気が抜けない。その中で藤本さんはふるさとを愛し、すももを愛し、夢に向かって励んでいる。

### アピールPOINT

私が百姓になりたいと思ったのは小学校低学年の時でした。その頃の私は、養鶏と肉豚とすももの果樹栽培という複合型循環農業をおこなっていた祖父のうしろについて、農園を歩き回っていたそうです。私が20歳になった頃、その祖父が亡くなり、農園を継ぐ事を決意しました。トイレは家の中になく、お風呂も薪で温める暮らしですが、夜になると手が届くくらい近い星空といろんな人の笑顔がある。祖父が築いた「すもも農家」で農を土台としたふるさとを育て、こだわりの自然農法とすもものおいしさを伝えていければと思います。

藤本好彦氏

## 主要品目の紹介

### すもも

約2kg 5,500円

こだわりの自然農法で栽培した大玉のすもも「貴陽」のセット。このほかその季節の一番おいしい品種を2kg（8〜20個前後）4,200円で提供するセットや、1シーズン3回、その時期最高のものを農園でチョイスしてお届けするセット14,000がある。

| 1 | 2 | 3 | 4 | 5 | 6 | 7 | 8 | 9 | 10 | 11 | 12 |
|---|---|---|---|---|---|---|---|---|----|----|----|
|   |   |   |   |   | ● | ● | ● |   |    |    |    |

### すももジャム

100g 650円

こだわりの自然農法によるすももを無添加で加工したジャムは、パンにつけるほか、さまざまなデザートのアクセントに。今後はソルダムや貴陽、太陽など、様々な品種のジャムをラインナップ予定。

| 1 | 2 | 3 | 4 | 5 | 6 | 7 | 8 | 9 | 10 | 11 | 12 |
|---|---|---|---|---|---|---|---|---|----|----|----|
| ● | ● | ● | ● | ● | ● | ● | ● | ● | ●  | ●  | ●  |

### 取扱販売店

電話、FAX、ホームページによる直売のみ。

# 39 長野県 農事組合法人 アグリコ

〒399-4232 長野県駒ケ根市下平2102　TEL.0265-83-1700　FAX.0265-83-1733
E-mail：agrico@amber.plala.or.jp

## OB DATA

**福原 俊秀**
代表理事会会長兼CEO
農学部農学科
昭和45年卒

■ ルーツ産業
- 1次：ブナシメジ
- 2次：加工・製造
- 3次：販売

■ 経営概要
- 創　業…1994年
- 経営内容…ブナシメジ（菌床ビン栽培）
- 栽培施設…2,800坪
- 役員2名・従業員61名

## 生き残り(守り)でなく勝ち残り(攻め)の農業経営で近未来型農業を目指す！

　農事組合法人「アグリコ」は、長野県駒ケ根市に1994年に設立され、今年で21年目となる。某大手商社マンから転職して農業に参入した福原俊秀氏が、東南アジア諸国での多くの経験と独自の理念と発想・知識で起業した。わが国最大級の菌床瓶栽培方式を取り入れた「やまびこしめじ（ブナシメジ）」の法人経営をしている。

　経営敷地約4500坪にコンピューターでの完全自動化システムの栽培施設（2800坪）を完備。年約1700トンに上る生産品は地元JAの他、名古屋の大手スーパー、大阪や首都圏の青果市場、生協に出荷販売される。また、廃おがくずを有効利用して経営地に隣接する農地2.5ヘクタールに有機無農薬でタマネギ（麿のタマネギ）を約7トン生産・販売、無駄を出さない環境重視の循環型農業にも取り組んでいる。2006年には東京農大経営者大賞を受賞している。

### アピールPOINT

　素晴らしい景色に囲まれ、きのこ生産地のメッカである長野県に、弊社はあります。創業以来、様々な挑戦をしてきましたが、そのひとつが企業的なきのこ生産の経営を実現するために、自動で棚が回転する「ロータリーラックシステム」です。自ら設計・開発し、特許を取得しました。また、きのこ類の鮮度保持方法の特許取得、マイタケの天然化の成功なども挙げられます。経営の成功は、計画にあると考えています。

福原俊秀 会長

## 主要品目の紹介

### カットぶなしめじ

ぶなしめじ石付部分(根元)をカットし、可食部100%に。冷凍して24時間後に利用すると美味しさが増すが、その際は解凍せず凍ったまま加熱調理するのがコツ。包装は、長年の研究に拠る特殊フィルムを使用。

| 1 | 2 | 3 | 4 | 5 | 6 | 7 | 8 | 9 | 10 | 11 | 12 |
|---|---|---|---|---|---|---|---|---|----|----|----|

### 森のほたて バリージョ®

食品として扱われていなかったぶなしめじの根元部分を商品化。フライや天ぷらにすると、食感がほたてに似ていることから「森のほたて」と名付けた。カロリーが低く、ヘルシーな食品としての需要が期待される。

### 森のちびっこ パリパリーノ®

カットぶなしめじを製造する際に出る極小サイズのきのこを乾燥させた2014年の新商品。食感とヘルシーさ、味の良さが売り。着色料、調味料を一切使用せず、素材本来の味わいが楽しめる。

### 麿の玉ねぎ®

ぶなしめじを収穫後に、廃培地を堆肥化して、それだけで栽培した有機JAS認定の玉ねぎ。生で食べて良し、スライス後に水に晒さなくて良し、辛味が少なく、甘くて美味の味良しの絶品玉ねぎ。

| 1 | 2 | 3 | 4 | 5 | 6 | 7 | 8 | 9 | 10 | 11 | 12 |
|---|---|---|---|---|---|---|---|---|----|----|----|

## 取扱販売店

**JA上伊那「ファーマースあじ〜な」**
〒399-4511
長野県上伊那郡南箕輪村神子柴8143-1
TEL.0265-78-0701

[営業時間]
8:30〜19:00 (年始以外は年中無休)

甲信・北陸・東海

# 一柳 徳行

長野県

〒399-8501 長野県北安曇郡松川村2053　TEL/FAX.0261-62-9208
E-mail : niceagri@poplar.ocn.ne.jp

**OB DATA**

一柳 徳行
農学部農業拓殖学科
昭和56年卒

■ ルーツ産業
- 1次：水田・果樹
- 2次：りんご加工品製造
- 3次：直販・委託販売

■ 経営概要
経営内容…水田、果樹、果実加工品製造販売
経営面積…12ha

## 安曇野の自然、大学で学んだ知識と探求心 おいしい米とりんごはここから生まれる

長野県の安曇野地区の北西側・北アルプスの東側の麓に位置する松川村は過疎に悩む日本の農村には珍しく、全国的にも減少傾向である人口が増加中。2010年の国勢調査で男性の平均寿命が82.2歳で国勢調査を行った当時の全自治体の中で日本一になり、「長寿の村」として大都市圏からの移住者も多い。「鈴虫の里」ともいわれる自然豊かなこの村で、おいしいお米とりんごを生産しているのが一柳徳行氏だ。北アルプスの山々から流れる清流と肥沃な大地、日中と夜間の大きな気温差など、米の生育にとって恵まれた環境を活かし、一柳氏は第13回米・食味分析鑑定コンクール国際大会で総合部門金賞（平成23年産こしひかり）を受賞。県の名産品であるりんご栽培にも力を入れ、りんごジュースの製造・販売にも取り組んでいる。そのりんごジュースを大学生協で販売するほか、東京農大の開発によるリサイクル有機肥料「みどりくん」（生ゴミを原料とした肥料）を取り入れた有機米栽培に取り組むなど、積極的に大学との交流を続けている。

### アピールPOINT

信州安曇野の自然豊かな環境で、有機栽培の米とりんごの栽培に励んでいます。農大の「みどりくん」による、環境にやさしい循環型の米作りに取り組むなど、安心・安全にこだわった農業に努めています。

一柳徳行氏

## 主要品目の紹介

### 鈴ひかり(こしひかり)

1kg 500円

水と空気がきれいでないと生きられない鈴虫が生息する数少ない地域であることから「鈴虫の里」と呼ばれる松川村。それにちなんで松川村産のこしひかりの中から一定の条件を満たしたものに「鈴ひかり」の名称がつけられる。

| 1 | 2 | 3 | 4 | 5 | 6 | 7 | 8 | 9 | 10 | 11 | 12 |
|---|---|---|---|---|---|---|---|---|----|----|----|

### サンふじ(りんご)

5kg 4,000円

有機栽培のふじに、果実の生育期に袋をかけずに太陽の光をたっぷり浴びて樹上で熟したサンふじ。ビタミン・ミネラルが豊富でコクのある甘さ。

| 1 | 2 | 3 | 4 | 5 | 6 | 7 | 8 | 9 | 10 | 11 | 12 |
|---|---|---|---|---|---|---|---|---|----|----|----|

### りんごジュース

1,000ml 600円

自慢のサンふじを原料とした果汁100%のストレートジュース。もぎたてのフレッシュさが口いっぱいに広がる。

| 1 | 2 | 3 | 4 | 5 | 6 | 7 | 8 | 9 | 10 | 11 | 12 |
|---|---|---|---|---|---|---|---|---|----|----|----|

## 取扱販売店

(株)メルカード東京農大
TEL.03-5477-2250　FAX.03-5477-2251
E-mail：mercado@ichiba-n.co.jp
ホームページ：http://www.ichiba-n.co.jp

甲信・北陸・東海

# 41 虎岩旬菜園

長野県

〒399-2601　長野県飯田市虎岩1051　TEL.0265-29-6040
E-mail : shinshinji@gmail.com　http://www.syunsaien.com

**OB** DATA

上野 真司
農学部国際農業開発学科
平成12年卒

■ ルーツ産業
- 1次　稲・果物・野菜
- 2次　加工品
- 3次　販売

■ 経営概要
創　業…2005年
経営内容…水田、果樹、野菜
経営面積…1ha
従業員数…2名

## 山あいで自然の恵みに支えられながら四季折々の旬を感じられる農作物を

　虎岩旬菜園は長野県の南にある飯田市の山あいに位置し、小京都と呼ばれる飯田の市街地から天龍川を越えた場所にある。真司氏は大学を卒業後に、青年海外協力隊に参加し、南米パラグアイで地域の農民に野菜栽培を指導するなどして2005年からこの地で農業を始めている。築160年になる木造の平屋を借り、妻の真紀さんや子供たちとお米、地域の伝統の干し柿、山菜、フルーツとうもろこし、キノコなど四季折々の旬を感じられる農作物を作っている。市田柿は甘くて柔らかい、フルーツとうもろこしは果実のようなはじける食感で甘くて美味しいと評判だ。また、ワーキングホリデーや新規就農里親制度などで農業に興味を持っている人を積極的に手助けしている。

トウモロコシ畑

### アピールPOINT

　私たちが求めているのは、美味しさです。「美味しいものを作りたい、そして、お届けしたい」。その一心で農業をやっています。春には山菜、夏にはフルーツとうもろこし、秋には原木キノコなど、旬にこだわった農業のため、融通の効かない農園ですが、信州の自然が育てる一瞬しかない、四季折々の味をお試しください。

上野真司氏

## 主要品目の紹介

### 市田柿

200g 550円

あめ色の果肉と真っ白な粉をまとった市田柿は、南信州の特産の干し柿。透き通るような空気で熟成され、人の手で丁寧に作られた冬の恵み。

| 1 | 2 | 3 | 4 | 5 | 6 | 7 | 8 | 9 | 10 | 11 | 12 |
|---|---|---|---|---|---|---|---|---|---|---|---|
| ● |   |   |   |   |   |   |   |   |   |   | ● |

### フルーツとうもろこし

12本 3,300円

生で食べられるフルーツ感覚のトウモロコシ。とても甘味が強く、冷やしてかぶりつくと果物のようなはじける食感が楽しめる。

| 1 | 2 | 3 | 4 | 5 | 6 | 7 | 8 | 9 | 10 | 11 | 12 |
|---|---|---|---|---|---|---|---|---|---|---|---|
|   |   |   |   |   |   | ● | ● |   |   |   |   |

### フルーツとうもろこしスープ

160g 500円

夏に収穫したトウモロコシを贅沢に使って、びっくりするほど甘くできあがったスープ。化学調味料、保存料を加えず、つぶつぶ感たっぷりな自然の味。

| 1 | 2 | 3 | 4 | 5 | 6 | 7 | 8 | 9 | 10 | 11 | 12 |
|---|---|---|---|---|---|---|---|---|---|---|---|
| ● | ● | ● | ● | ● | ● | ● | ● | ● | ● | ● | ● |

## 取扱販売店

**虎岩旬菜園**

〒399-2601
長野県飯田市虎岩1051
TEL.0265-29-6040

[営業時間]
9:00～17:00（月～土）

長野県

その他取扱販売店　「銀座NAGANO(東京)」「たてしな自由農園(長野県)」「リンゴの里(長野県)」「およりてふぁーむ(長野県)」

甲信・北陸・東海

# 有限会社 ハヤシファーム

長野県 42

〒399-2434　長野県飯田市伊豆木1064　TEL.0265-27-2661　FAX.0265-27-2099
E-mail : i29@hayashi1.com　http://www.hayashi1.com

**OB** DATA

林 双葉
農学部畜産学科
平成25年卒

■ルーツ産業
- 1次　畜産（豚）
- 2次　精肉・加工品製造
- 3次　直売・委託販売

■経営概要
創　業…1977年
経営内容…畜産（豚）、食肉及び加工品製造・販売
家畜飼育規模…母豚90頭
従業員数…5名

## 希少品種の豚に、こだわりの飼料
## 厳選した素材を季節に合わせて配合

　信州南アルプスと中央アルプスの間にある伊那谷。飯田市の景勝地・天竜峡のそばでおいしい豚肉を生産しているのがハヤシファーム。飼育しているのは肉のきめ細かさが特長の希少品種の中ヨーク系。季節に合わせ配合して与える飼料は蕎麦粉を中心に米麹、ゴマ、タピオカ、菓子類など、

原種豚の純粋中ヨークシャー種

純植物性の安全なもの。また、ハーブやプ生菌を与えて抗生剤に頼らない元気な豚づくりにも心がけている。その結果、「きめ細かさ」「やわらかさ」「脂の質」「甘み」「豊富なビタミンE」において一般的な豚を圧倒するおいしい豚ができあがる。さらにその豚を、性別ほか履歴を公開しての販売を徹底するなど、安全と味を追求に怠りがない。自慢の商標登録豚「幻豚」が2009年銘柄豚肉コンテストで食肉の部、食感の部で1位を受賞した。

### アピールPOINT

　標高520m、周囲は山ばかりの高原にあり、日本の養豚の平均規模より小さな農場ですが、一頭ずつ大切に育てています。日本には四季があり、季節によって豚の脂の乗り方も違うため、私の農場では豚を見ながら、またお肉の状態を見ながら、飼料を調整して安定したお肉を供給できるようにしています。

林双葉氏

## 主要品目の紹介

### あらびきソーセージ

120g（7本）500円

まろやかば味わいの定番。

| 1 | 2 | 3 | 4 | 5 | 6 | 7 | 8 | 9 | 10 | 11 | 12 |
|---|---|---|---|---|---|---|---|---|----|----|----|

### 野沢菜入りソーセージ

140g（5本）500円

長野県の特産物の野沢菜入り。このほか、大葉入り、チーズ入りなどもあり。

| 1 | 2 | 3 | 4 | 5 | 6 | 7 | 8 | 9 | 10 | 11 | 12 |
|---|---|---|---|---|---|---|---|---|----|----|----|

### 豚肉

300g 1,000円～

きめが細かくやわらかいのが特長。しっかりとした味のモモ、均等な霜降りとまろやかな甘さの肩ロース、軽やかな脂がのったバラなどを、用途別の切り方で。

| 1 | 2 | 3 | 4 | 5 | 6 | 7 | 8 | 9 | 10 | 11 | 12 |
|---|---|---|---|---|---|---|---|---|----|----|----|

甲信・北陸・東海

## 取扱販売店

**有限会社ハヤシファーム ホームページ**
http://www.y-cart.jp/c/futaba3174/lineup.cgi

その他取扱販売店　「りんごの里」「およりてファーム」

# 藤澤醸造株式会社

長野県

〒399-7201 長野県東筑摩郡生坂村4655　TEL.0263-69-2030　FAX.0263-69-3353
E-mail : info@fujijo.co.jp　http://fujijo.co.jp

## OB DATA

**藤澤 泰彦**
専務取締役
農学部 醸造学科
昭和54年卒

■ ルーツ産業
- 1次　野菜栽培
- 2次　製造・加工
- 3次　直売・委託販売

■ 経営概要
- 創　業…1935年
- 経営内容…漬物、食料品、味噌、醤油、麹の製造・加工及び販売
- 経営面積…1ha
- 従業員数…8名

## 創業の訓え「温故知新」を胸に 信州の伝統を守り続ける漬物の老舗

「山紫水明　食と文化癒しの郷」信州・生坂村。日本の原風景ともいえるこの地で田舎の味わいを守り育てているのが、信州名物の漬物の老舗・藤澤醸造だ。創業以来の温故知新の訓えを体現し、手作りと伝統の味わいの良さを受け継ぎ培われた手仕事と、衛生面・省力化を考えた機械設備を融合させている。漬物、味噌、米麹などの原材料は、信州産を中心に100％国内産の厳選した野菜・米・大豆を使い、合成着色料・合成保存料は使用せず、素材を活かして安心・安全なものを食卓に届けるためには妥協しない。頑なにその姿勢を守り続けつつ、時代のニーズに合ったサービスを心掛けている。

生坂村の里山「京ヶ倉」から、村中心部と北アルプスの眺望

### アピールPOINT

すべて信州産を中心にした国産の原料にこだわり、伝統の味を安全に。自然の豊かさが育んだ風光明媚な「信州 いくさか」から、香華と季節の移ろいの味をまごころ込めて届けます。

藤澤泰彦 専務

## 主要品目の紹介

### 野沢菜漬三昧

野沢菜漬300g 詰 260円
野沢菜わさび入り300g 詰 281円
野沢菜味噌漬300g 詰 324円

秘伝の醤油味が好評の野沢菜漬、ピリッと辛いワサビの風味と茎入り野沢菜漬、信州味噌で漬け込んだ野沢菜味噌漬の野沢菜三昧。

| 1 | 2 | 3 | 4 | 5 | 6 | 7 | 8 | 9 | 10 | 11 | 12 |
|---|---|---|---|---|---|---|---|---|----|----|----|

### 本漬三昧

山ごぼう味噌漬180g 詰 562円
奈良漬300g 詰 497円
からしなす漬4枚詰 368円

味噌漬の王様、コリコリした歯ざわりと信州味噌の味が生きている山ごぼう味噌漬、松本うりを吟醸酒粕で漬けた浅漬けタイプの奈良漬、丸なすをからし粉で甘辛に漬けたからしなす漬の評判の良い本漬三昧。

| 1 | 2 | 3 | 4 | 5 | 6 | 7 | 8 | 9 | 10 | 11 | 12 |
|---|---|---|---|---|---|---|---|---|----|----|----|

### 信州味噌と麹

特上信州味噌1Kg 詰 562円
米麹300g 詰 346円
米麹のおしょう油の実200g 詰 303円

麹歩合が10割の山吹色の信州味噌、飲む点滴と言われる甘酒の原料の米麹、信州の冬の味覚のおしょう油の実、いずれも信州の伝統食品。

| 1 | 2 | 3 | 4 | 5 | 6 | 7 | 8 | 9 | 10 | 11 | 12 |
|---|---|---|---|---|---|---|---|---|----|----|----|

### 取扱販売店

**藤澤醸造株式会社**
〒399-7201
長野県東筑摩郡生坂村4655
TEL.0263-69-2030
FAX.0263-69-3353
http://fujijo.co.jp

[営業時間]
8:00～18:00 (定休日 土・日・祝日)

その他取扱販売店　「ファーマーズガーデン」「村営やまなみ荘」「アップルランド」「デリシア」「ビッグ」「イオン」

甲信・北陸・東海

# 44 かしまハーベスト

静岡県

〒431-1202 静岡県浜松市西区呉松町3624　TEL.053-487-0875　FAX.053-487-0875
E-mail：info@kashimaharvest.jp　http://www.kashimaharvest.jp

**OB** DATA

宮本 俊博
農学部農学科
平成14年卒

■ルーツ産業
- 1次　果物栽培
- 2次　加工品製造（いちごジャム）
- 3次　直売

■経営概要
創　業…1990年
経営内容…果物栽培、
　　　　　加工品製造・販売、
　　　　　観光農園
経営面積…1ha
従業員数…3名

## 愛情込めたイチゴとメロンがお出迎え
## 親子で営む浜名湖畔の名物観光農園

　静岡県浜松市の西部、浜名湖の東湖畔。冬〜春はいちご狩り、夏はメロン狩りをメインに体験型フルーツ農園を営んでいるのが、かしまハーベスト。園主の宮本康博さんが始めた観光農園を、東京農大を卒業した息子の俊博氏が手伝う。いちご静岡県のいちごの代表的品種"あきひめ"を有機肥料と減農薬で丁寧に土耕栽培し、消費者の口に入るところまで見据えた栽培に心がけている。全国有数の日照時間の長さを誇る遠州で、夏場の太陽の光をたっぷりと浴びたマスクメロンも絶品。農園の完熟イチゴ100%使用の無添加完全手作りジャムも好評だ。このほか、いちご酒作り体験や、旬のフルーツを8〜10種類楽しめるフルーツタイム、フルーツバイキングといった企画も行っている。

### アピールPOINT

直接農園にお越しいただいての収穫体験や、食育の観点での体験ができる観光農園。非日常的体験のなかで、果物のおいしさとともに驚きと感動を味わっていただけるような農園にしたいと思っております。畑で栽培しているものを直接口にしていただくので、安全・清潔には細心の注意を払っております。また、お客様とコミュニケーションをとりながらアットホームな雰囲気づくりにも心がけています。お客様の声がストレートに耳に入るので、いちご1粒に一切の妥協は許されないという思いで作業に従事しております。

宮本俊博氏（右）

# 主要品目の紹介

## いちご

1パック 600円～

従来の土耕栽培、有機肥料の積極的活用で、おいしさと安全を両立。

| 1 | 2 | 3 | 4 | 5 | 6 | 7 | 8 | 9 | 10 | 11 | 12 |
|---|---|---|---|---|---|---|---|---|----|----|----|
|●━|━━|━━|●|   |   |   |   |   |    |    |    |

## マスクメロン

1玉 1,500円～

化学肥料を使わない栽培で、自然でありながら十分な甘さが自慢。果肉は少し黄色がかっており、色みも楽しめる。

| 1 | 2 | 3 | 4 | 5 | 6 | 7 | 8 | 9 | 10 | 11 | 12 |
|---|---|---|---|---|---|---|---|---|----|----|----|
|   |   |   |   |   |   |●━|━●|   |    |    |    |

## いちご農家のいちごジャム

300g 600円

自家農園のいちご100％使用、グラニュー糖とレモン汁以外は何も加えない手作りの味。甘さは控えめ。

| 1 | 2 | 3 | 4 | 5 | 6 | 7 | 8 | 9 | 10 | 11 | 12 |
|---|---|---|---|---|---|---|---|---|----|----|----|
|●━|━━|━━|━━|━━|━━|━━|━━|━━|━━━|━━━|━●|

## 取扱販売店

### とぴあ浜松農協ファーマーズマーケット三方原店

〒433-8108 静岡県浜松市北区根洗町1213-1
TEL.053-414-2770

［営業時間］9:00～18:00（11月～2月は17:00まで）
営業日 年中無休
定休日 年末年始（12月31日～1月4日）
電話、FAX、HPによる直売あり。
TEL/FAX.053-487-0875
http://www.kashimaharvest.jp/syouhinp.html

# 45 川村農園

静岡県

〒424-0901 静岡県静岡市清水区三保3163　TEL.054-334-0789　FAX.054-334-0789
E-mail : kawamura-nouen@w8.dion.ne.jp

## OB DATA

**川村 耕史**
農学部農学科　昭和47年卒

**川村 研史**
短期大学部生物生産技術学科　平成9年卒

### ■ルーツ産業
- 1次：野菜
- 2次：ジャム・ソース・アイス
- 3次：販売

### ■経営概要
- 創　業…元禄時代
- 経営内容…野菜
- 経営面積…0.5ha
- 従業員数…7名

## 消費者の声を素直に聞き、生産に取り入れ安全と美味しさのための手間は惜しまない

　世界遺産登録に沸く静岡県の三保地域で、東京農大OB二代で野菜を中心に生産しているのが川村農園だ。1997年卒の研史氏で十二代目となる。極力農薬は使わず、肥料は有機質肥料のみ、大規模な農園ではなかなか実現できない、細やかな愛情を一苗一苗に込めた生産法は、自然との共存でもあり闘いでもある。主力のトマト「アミノレッド」は川村農園オリジナルブランドで、ジューシーで甘みの強いことで人気を呼んでいる。野菜ソムリエの資格を持つ研史さんは「川村農園カフェ」も経営し、このアミノレッドを使用したジャムやジュース、トマトソースなどを販売しながら消費者とのコミュニケーションの場として、その生産物の研究の糧としている。

トマトの他に枝豆、マスクメロンを栽培

### アピールPOINT

　1次産業としてただ生産のみをするのではなく、消費者の声に耳を傾け、お互いによい方向に進める農業を目指しています。「おいしい」はもちろん、安心、安全、買いやすい生産物を提供できるよう、日々努力しています。

川村耕史氏と研史氏

## 主要品目の紹介

### トマト

1箱1kg 1,000円

水はけのよい砂地の土壌を水はけのよい砂地に、化学肥料を使用せず有機質肥料のみで育てた甘みの強いオリジナルブランド「アミノレッド」。甘みだけではなくコクと旨味のあるトマト作りを目指している。

| 1 | 2 | 3 | 4 | 5 | 6 | 7 | 8 | 9 | 10 | 11 | 12 |
|---|---|---|---|---|---|---|---|---|----|----|----|

### トマトソース

150g 550円

アミノレッドと自園でとれた野菜とオリーブオイル、多種類のハーブを使用して試行錯誤の末に完成した無添加のトマトソース。パスタやピザ、ハンバーグのソースなど、様々な料理に使用できる。

| 1 | 2 | 3 | 4 | 5 | 6 | 7 | 8 | 9 | 10 | 11 | 12 |
|---|---|---|---|---|---|---|---|---|----|----|----|

### トマトジャム

170g 550円

甘みの強いトマト「アミノレッド」をふんだんに使い、半分になるまで煮詰めてつくった贅沢なジャム。甘みと酸味が程良くきいて、まるでフルーツジャムのよう。パンやヨーグルトに良く合う。
アミノレッドを使用したトマトアイス、トマトヨーグルトアイスも好評。

| 1 | 2 | 3 | 4 | 5 | 6 | 7 | 8 | 9 | 10 | 11 | 12 |
|---|---|---|---|---|---|---|---|---|----|----|----|

## 取扱販売店

**川村農園**
〒424-0901
静岡県静岡市清水区三保3163
TEL.054-334-0789
FAX.054-334-0789
E-mail kawamura-nouen@w8.dion.ne.jp
［営業時間］
13:00～18:00（トマト10月～6月）
　　　　　（メロン7月～8月）

甲信・北陸・東海

# 46 静岡県 有限会社 スウィートメッセージやまろく

〒424-0915 静岡県静岡市清水区増140-2　TEL.054-336-3615
E-mail：yamaroku@mail.wbs.ne.jp　http://www.s-yamaroku.com

**OB DATA**

望月 保秀
代表取締役
農学部 農学科
昭和53年卒

■ルーツ産業
- 1次：苺栽培
- 2次：加工・製造
- 3次：販売

■経営概要
創　業…1993年
経営内容…苺
経営面積…0.5ha
従業員数…5名

## 100年以上の歴史を持つ「石垣苺」栽培
## モットーは「自然のものを、自然のままに」

　「スウィートメッセージやまろく」は石垣苺の栽培で知られる静岡県にある。石垣栽培は石を60〜70度の傾斜で積み重ね、切り込みに苗を栽培する。崩れにくい石垣に加えて、太陽の光を直角に受けるため果実の熟期が早まる利点がある。栽培農業からの「自立した農家」を目指し、その一つの方法としてジェラートショップの直営やソフトクリームなどの原材料を供給している。苺のジェラートは10種類以上もあり、富士山麓から直送された新鮮な牛乳で作る美味しさはここでしか味わえない。苺狩りは1月〜5月上旬がシーズンで、コンフィチュールやジャムも好評だ。「自然のものを、自然のままに」をモットーに、今後も農業の改革を続けていく。

### アピールPOINT

　石垣苺栽培を基盤にして、コンフィチュール、ジャム、アイス、ケーキを製造しています。農園の規模ではなく「坪単価」をいかにあげるかに重点を置き、独自の加工技術で「オリジナル商品」の開発に力を注いでいます。より多くの消費者に石垣苺を知っていただきたく、100年の歴史を持つ石垣栽培にこだわりながら、ほかでは類を見ない商品を作っています。

望月保秀 代表

## 主要品目の紹介

### 石垣苺ジャム

[60%] 300g 袋詰 510円／[40%] 300g 袋詰 660円

農園でじっくり熟した苺とグラニュー糖のみを煮込んだ本物の苺ジャム（苺1kgに対し砂糖600g→60%）。添加物や保存料を一切使っていない。一度食べたらやみつきになる味。

| 1 | 2 | 3 | 4 | 5 | 6 | 7 | 8 | 9 | 10 | 11 | 12 |
|---|---|---|---|---|---|---|---|---|----|----|----|

### 石垣苺のコンフィチュール

170gビン詰め 1,575円／130gビン詰め 1,187円／100g袋詰 864円

火力を使わない独自の乾燥技術を用いて、香り、旨味、栄養を活かしたコンフィチュール。取れたての新鮮な苺で製造し、ビタミンCが従来のジャムの10倍以上含まれている。

| 1 | 2 | 3 | 4 | 5 | 6 | 7 | 8 | 9 | 10 | 11 | 12 |
|---|---|---|---|---|---|---|---|---|----|----|----|
| | | | | (在庫限り) | | | | | | | |

### 石垣苺のアイスミルク

120mlカップ 370円

朝霧の牧場直送の牛乳を使用。石垣苺のアイスは10種類以上のラインアップ。苺と苺ミルク味の手作りアイスキャンディー（180円）も販売している。

| 1 | 2 | 3 | 4 | 5 | 6 | 7 | 8 | 9 | 10 | 11 | 12 |
|---|---|---|---|---|---|---|---|---|----|----|----|

## 取扱販売店

**有限会社**
**スウィートメッセージやまろく**
〒424-0915
静岡県静岡市清水区増140-2
TEL.054-336-3615
FAX.054-336-3625
http://www.s-yamaroku.com
[営業時間]
10〜19時（火曜日定休）

その他取扱販売店　「伊勢丹（静岡）」

# 47 谷野ファーム

静岡県

〒432-8006 静岡県浜松市西区大久保町5276　TEL/FAX..053-485-3493
E-mail：yanofarmjp@yahoo.co.jp　http://www.yanofarm.jp

**OB DATA**

谷野 守彦
農学部農業拓殖学科　平成3年卒

谷野（渡辺）由紀子
農学部国際農業開発学科　平成9年卒

■ルーツ産業
1次　野菜

■経営概要
経営内容…野菜
経営面積…0.8ha
従業員数…10名

## 世界中の野菜を国産として育て上げ 一流レストランのシェフから確かな信頼を得る

　「アクアパッツァ」や「レディタン・ザ・トトキ」といった日本の一流レストランのシェフを唸らせる西洋野菜作りの達人が、「谷野ファーム」の谷野守彦氏だ。常に12種類以上の色とりどりのヨーロッパの最新品種のレタスを栽培し、9種類を詰め合せて「谷野マルチリーフレタスボックス」として納入している。戦後に進駐軍の要望で西洋野菜の栽培が始まった浜松は、セロリ、サラダ菜、三つ葉、ハーブなど、日本で西洋野菜の先駆的な場所。日々、イタリアンやフレンチの店に野菜を出荷している中で、最近は「メインに使う食材として野菜が増えている」とのことだが、その背景には「美味しくない」と顔をしかめられては、またチャレンジすることを繰り返してきた谷野氏の情熱がある。

### アピールPOINT

　土耕と水耕の良さを融合した栽培法など常に一歩先をいくチャレンジをしています。サンゴ培地によって育てためずらしい品種のトマトは、海の天然ミネラルをふんだんに吸収してずっしりと重く、美味しいと評判です。また手頃な価格で提供することも心がけています。現在はベトナム人女子技能実習生とともに作業しており、将来はベトナム野菜の生産をしたいと考えています。

谷野守彦氏

## 主要品目の紹介

### サラダ菜

敷物のイメージが強いサラダ菜だが火の通りが早く、汁の具炒め物に重宝する。周年でJAとびあ浜松ブランドでおもに関東方面に出荷されている。

| 1 | 2 | 3 | 4 | 5 | 6 | 7 | 8 | 9 | 10 | 11 | 12 |
|---|---|---|---|---|---|---|---|---|----|----|----|

### リーフレタス

大量生産のサラダ菜に対し、オートクチュールのようなリーフレタス。東京の高級ホテルのメインダイニングに野菜をおさめている築地市場の老舗野菜問屋さんからの要望で、「一年間を通し、9種類のリーフレタスを一箱に!」のコンセプトで生産出荷。ヨーロッパ最新の葉っぱの切れ込みの深いものや、鮮やかな真紅の葉のものこだわりの料理に華を添えるようなレタス。

| 1 | 2 | 3 | 4 | 5 | 6 | 7 | 8 | 9 | 10 | 11 | 12 |
|---|---|---|---|---|---|---|---|---|----|----|----|

### カラフルミニトマト、クッキングトマト

目でみて楽しく、栄養にも優れてるトマトを作りたいというコンセプト。調理用のトマトは、味がのってないものが多い中、「パスタソースにすると美味しいのはわかってても、パスタソースを作る前に生で食べれちゃう」と言われるほど。カラフルトマトは、それぞれ味も香りも、食感が違うようになるように意識して作られている。

| 1 | 2 | 3 | 4 | 5 | 6 | 7 | 8 | 9 | 10 | 11 | 12 |
|---|---|---|---|---|---|---|---|---|----|----|----|

甲信・北陸・東海

## 取扱販売店

**農家の台所 国立ファーム 新宿三丁目店**
〒160-0022
東京都新宿区新宿3-5-3
髙山ランド会館4F
TEL.050-5789-4422
年中無休
年末年始休業日(12/31〜1/1)

東京都

**その他取扱販売店** ファーマーズマーケット白脇店、三方原店、浜北店でも購入可能

# 48 有限会社 山二園

静岡県

〒410-0006 静岡県沼津市中沢田349-1 TEL.055-922-2700 FAX.055-922-2701
E-mail : yamanien@za.tnc.ne.jp

**OB DATA**

後藤 義博 代表取締役社長
農学部農業経済学科 昭和52年卒

後藤 裕揮
国際食料情報学部食料環境経済学科 平成20年卒

■ルーツ産業
- 1次　茶　畑
- 2次　製　茶
- 3次　販　売

■経営概要
- 創　業…1977年
- 経営内容…茶業
- 経営面積…1.75ha
- 従業員数…7名

## すべてはお客様の満足を創造するために
## 良質なお茶をつくるための配慮と工夫

茶どころとして有名な静岡にあって、その誇りを実践している茶園が沼津市の山二園だ。自慢は数々の受賞歴を持つ、自然仕立ての園による高級手摘み茶。住宅地で茶を栽培することにより、人手の確保が比較的容易であるため、茶摘の時期に1日40～50人の人手でていねいな手摘みでしか生産することのできない、自然仕立ての園で育てた茶を製造している。また、地中・地上暖房切り替え式暖房機をはじめとする最新式の環境コントロール機能を導入、新茶需要期の戦略的供給、繊細な高品質茶の栽培を可能にした。お客様との交流にも熱心で、毎年新茶シーズンには"お茶まつり"を主催、工場や茶園の見学やお茶会なども実施している。

自然仕立園の手摘み風景

### アピールPOINT

山二園の銘茶は愛鷹山麓の自然の中で今では珍しくなった昔ながらの「自然仕立」と呼ばれる最高級のお茶を作るための"手摘み専用茶園"から生まれたお茶です。園主自ら土作りに取り組み、環境を配慮した有機肥料を主に健康で力強いお茶に育て、一芯二葉という摘み方で、お茶摘みさんたちが摘み取った生葉を新鮮なうちに心をこめて作った、当園が自信を持っておすすめできる最高級の煎茶です。

## 主要品目の紹介

### 雲井(くもい)

100g 3,305円

「自然仕立園」と呼ばれる最高級のお茶を作るための手摘み専用園から、一葉一葉ていねいに摘み取られた茶葉で、香りよく上品なコクのある味が楽しめる。

| 1 | 2 | 3 | 4 | 5 | 6 | 7 | 8 | 9 | 10 | 11 | 12 |
|---|---|---|---|---|---|---|---|---|---|---|---|

### 神明(しんめい)

100g 2,225円

若芽を浅く蒸した茶葉と深く蒸した茶葉を合わせ、若葉の香りと味の深みを両立させた上品な味わい。

| 1 | 2 | 3 | 4 | 5 | 6 | 7 | 8 | 9 | 10 | 11 | 12 |
|---|---|---|---|---|---|---|---|---|---|---|---|

### 堤(つつみ)

100g 1,080円

一番茶を中蒸しから完全蒸しにして香りと味が調和するように仕上げた、幅広い用途に適合し使いやすく気軽に飲める常備茶。

| 1 | 2 | 3 | 4 | 5 | 6 | 7 | 8 | 9 | 10 | 11 | 12 |
|---|---|---|---|---|---|---|---|---|---|---|---|

### 取扱販売店

**有限会社 山二園**
〒410-0006
静岡県沼津市中沢田349-1
TEL.055-922-2700
FAX.055-922-2701
E-mail yamanien@za.tnc.ne.jp

[営業時間]
8:00～19:30(日曜定休)

その他取扱販売店 「G-Call(ジーコール)」

# 49 わさびの大見屋

静岡県

〒410-2515 静岡県伊豆市地蔵堂1242　TEL/FAX.0558-83-2900
http://www.wasabino-oomiya.com

**OB** DATA

浅田 譲治
代表
農学部林学科
昭和59年卒

■ ルーツ産業
- 1次：わさび
- 2次：漬物製造・加工
- 3次：直売・委託販売

■ 経営概要
創　業…1989年
経営内容…わさびの生産、製造・加工及び販売
経営面積…1ha
従業員数…5名

## わさびを名産とする伊豆の地でこだわりの味を守り続ける

　わさびとわさび漬を名産とする伊豆・天城の地にあって、代々続くわさび農家に育った浅田譲治さんは、東京農大卒業後、わさび漬も含めた加工品の製造・販売に取り組んできた。直売所を兼ねた加工場を建設、さらに加工場前のわさび沢を誰でも自由に散策できるよう、5年の歳月をかけて自分で巨石を運び、道をつくり、環境を整備した。その公園には四季折々の花木が植えられ、訪れる人を楽しませている。また、収穫体験の実施やわさび漬け体験施設を設営するなど、生産者としての努力だけではなく、わさびを知ってもらう努力を惜しまない。自園で生産したわさびの加工品は、主力のわさび漬以外にも多岐にわたり、日常用から贈答品用まで人気が高い。

石庭わさび園

### アピールPOINT

　代々わさび農家を営んできましたが、皆様に本物のわさびの味を知ってもらいたいという思いから平成元年に「わさびの大見屋」を開業しました。材料を吟味し真心こめて一つ一つ手造りで製品を造っております。平成5年には「石庭わさび園」を作り、季節の花木やわさび田を見ながら、「わさび狩り」や「わさび漬手造り体験」も楽しめます。これを機にこだわりの味とわさび体験をお試し下さいませ！

浅田譲治 代表

## 主要品目の紹介

### わさび漬

160g 640円／80g 320円

造り酒屋直送の大吟醸酒粕に新鮮なわさびをたっぷりと漬けこんだぜいたくなわさび漬け。賞味期間1ヵ月。

| 1 | 2 | 3 | 4 | 5 | 6 | 7 | 8 | 9 | 10 | 11 | 12 |
|---|---|---|---|---|---|---|---|---|----|----|----|

### わさび味噌

160g 640円／80g 320円

真心こめて練りあげた甘みそに生わさびをふんだんに入れた一品。キュウリ、ナス、コンニャク、ご飯にぴったり。賞味期間2ヶ月。

| 1 | 2 | 3 | 4 | 5 | 6 | 7 | 8 | 9 | 10 | 11 | 12 |
|---|---|---|---|---|---|---|---|---|----|----|----|

### わさびのり

160g 640円／80g 320円

風味のよいのりのつくだ煮に生わさびと茎がたっぷり入った、ご飯のお供に最高の味。賞味期間2ヶ月。

| 1 | 2 | 3 | 4 | 5 | 6 | 7 | 8 | 9 | 10 | 11 | 12 |
|---|---|---|---|---|---|---|---|---|----|----|----|

甲信・北陸・東海

## 取扱販売店

**わさびの大見屋**
〒410-2515
静岡県伊豆市地蔵堂1242
TEL.0558-83-2900
FAX.0558-83-2900

［営業時間］
9:00～17:00（水曜定休）

その他取扱販売店　「農の駅修善寺店」

# 工房あか穂の実り

兵庫県

〒678-1183 兵庫県赤穂市有年牟礼563　TEL/FAX.0791-49-3582
E-mail : yum-yum@khaki.plala.or.jp　http://www.akaho-minori.com

**OB DATA**

松田 光司
農学部農業経済学科
昭和52年卒

■ ルーツ産業
- 1次：稲作・畑作（大豆）
- 2次：餅加工
- 3次：あか穂の実り

■ 経営概要
- 創　業…1981年
- 経営内容…稲作
- 経営面積…12ha
- 従業員数…3名

## 古代米（緑米）と出会って生まれたブランド
## 強い粘り、甘み、優れた栄養価が特徴

専業農家として米や大豆を栽培している当社が、統一ブランド「あか穂の実り」を開発するに至ったのは、一握りの古代米に魅せられたことがきっかけ。古代米（緑米）の玄米を長時間水に浸し、「発芽玄米」にしたものを原料として使用、「お餅」や「玄米シート」に加工した商品を販売している。

緑米の出穂時期

緑米には強い粘り（美味しいお餅ができる）、甘みがある（普段の米に混ぜて炊くとご飯がいっそう美味しくなる）、優れた栄養価（手軽に摂取できる）という3つの特徴がある。看板商品はプチプチした食感が楽しめる「ぷちぷち玄米餅」、手軽に食べられる「もちもち玄米シート」、3種類の古代米を混ぜた「三彩米」など。安全で栄養満点、そして新しいお米の食べ方がここにある。

### アピールPOINT

水稲ではマメ科のヘアリーベッチ、クレムソンクローバ、レンゲを緑肥とし、田の耕起も逆転ロータリで1回だけど、経費を大幅に削減し、坪37～50株植とし、過去に食味日本一になった品種を栽培・販売しています。古代米、赤・黒・緑米を2ha栽培し、玄米シートや三彩米の原料として特に力を入れています。また、大豆も地域ブランド「夢さよう」を直接販売しています。「作る人、食べる人、もっと近くに感じたい」をモットーに取り組んでいます。

松田光司氏

## 主要品目の紹介

### もちもち玄米シート

90g×2枚 400円

古代米の玄米を長時間水に浸して「発芽玄米」にしたものを原料にし、「お餅」に加工したものを平たく伸ばしたピザシート。和洋中なんでもトッピングにして美味しく食べられるアイデアいろいろのお手軽玄米食。

| 1 | 2 | 3 | 4 | 5 | 6 | 7 | 8 | 9 | 10 | 11 | 12 |

### ぷちぷち玄米餅

50g×5個 520円

緑米玄米100％使用の発芽玄米餅。発芽させることで栄養分の吸収がよくなり、美味しさがよりいっそう増した昔なつかしい自然の甘さが実感できる。

| 1 | 2 | 3 | 4 | 5 | 6 | 7 | 8 | 9 | 10 | 11 | 12 |

### 三彩米

300g 520円

3種類の古代米、黒米・赤米・緑米を色合いよく混ぜた玄米。普段のお米に混ぜて炊くと、桜色のご飯になりそれぞれのお米が持つ栄養分を手軽に摂取できる。

| 1 | 2 | 3 | 4 | 5 | 6 | 7 | 8 | 9 | 10 | 11 | 12 |

## 取扱販売店

**工房あか穂の実り**

〒678-1183
兵庫県赤穂市有年牟礼563
TEL/FAX.0791-49-3582
http://www.akaho-minori.com

その他取扱販売店　「そごう神戸店内兵庫ふるさと館」「道の駅ペーロン城」「竜野西サービスエリア」

# 51 奈良県 有限会社 とぐちファーム

〒639-1112 奈良県大和郡山市白土町606　TEL.0743-56-1507
E-mail : toguchi@chive.ocn.ne.jp　http://www.toguchi-farm.com

## OB DATA

**東口 義巳**
代表取締役
農学部農学科
昭和51年卒

### ■ ルーツ産業
- 1次　トマト栽培
- 2次　トマト加工品製造
- 3次　直販所経営

### ■ 経営概要
- 創　業…2002年
- 経営内容…水田、果樹、野菜
- 経営面積…15ha
- 従業員数…16名

## 全国初の内圧式のハウスで糖度8～10度の甘いフルーツトマトを栽培

中学生で農業のおもしろさに目覚め、その後農業高校、東京農大に進学したのち、就農。33年前いちごの連作障害を避けるためにトマトを栽培したことをきっかけに、本格的に着手。2009年にハウスでトマトを栽培するために新たに全国で初となる内圧式のハウスを建設。換気扇で内部の空気を抜く従来のハウスと違って、ハウスの中に空気を送り込むことで、夏場でも外気温並にハウス内の温度を維持できる上、入り口からの虫の進入も防げる。また、ハウス内には自動給液装置を設置し、甘み・酸味のバランスがとれたトマトを作るシステムを導入。水耕栽培で年間9作の周年栽培を行い、糖度8～10度のフルーツトマトを収穫し大和撫子トマト「朱雀姫」と名付けて販売している。

### アピールPOINT

敢えて水を少なめにして粒を小さくし、旨味がギュッと詰まったフルーツトマト「朱雀姫」。その糖度は8～10度と一般のトマトの2～3倍です。その甘みと酸味のバランスは絶妙。「おいしい」「こんなの食べたことがない」という声を多数いただいています。今後はもっと「朱雀姫」を全国に広めていき、将来はトマトを使ったメニューだけのみんなの集まれる「農家レストラン」をやってみたいと考えています。

東口義巳 代表

## 主要品目の紹介

### フルーツトマト「朱雀姫」

1箱 3,000円（送料、消費税別）

甘みと酸味のバランスが絶妙な、果物のような味わい。農薬をほとんど使用せず、1個1個手間を惜しまずに作った、旨味が詰まっているトマト。そのまま生で食べるのがおすすめ。

| 1 | 2 | 3 | 4 | 5 | 6 | 7 | 8 | 9 | 10 | 11 | 12 |
|---|---|---|---|---|---|---|---|---|----|----|----|

### フルーツトマト「朱雀姫」ジュース

1本 3,000円（送料、消費税別）

糖度8～10度のフルーツトマト「朱雀姫」を100％使用したジュース。ひと口飲んだだけで、まるでトマトそのものを食べたような味わいと後味を実感できる。

| 1 | 2 | 3 | 4 | 5 | 6 | 7 | 8 | 9 | 10 | 11 | 12 |
|---|---|---|---|---|---|---|---|---|----|----|----|

近畿・中四国

## 取扱販売店

**有限会社とぐちファーム**
〒639-1112
奈良県大和郡山市白土町606
TEL.0743-56-1507

［営業時間］
9:00～17:00（無休）

# 52 ほりぐち農園

**和歌山県**

〒645-0022　和歌山県日高郡みなべ町晩稲344　TEL.0739-74-2452　FAX.0739-74-2314
E-mail : ikuo@ume-nouka.jp　http://www.ume-nouka.jp

## OB DATA

**堀口 育男**
短期大学農業科
平成3年卒

■ルーツ産業
- 1次：梅
- 2次：梅干・梅シロップ等加工
- 3次：直売・卸売販売

■経営概要
- 創　業…江戸時代末期
- 経営内容…果樹
- 経営面積…5ha
- 従業員数…4名

## 梅のスペシャリストは夫婦の二人三脚で
## 14枚の梅畑で高品質の梅を育てつづける

南高梅が誕生した地で365日、梅と接している専業農家のほりぐち農園。その歴史は、初代・堀口茂作氏が自生の梅を植えた江戸時代末期まで遡る。現在は6代目の堀口育男氏が奥さんの千草さんと二人三脚で梅に始まり、梅に終わる毎日を送っている。ほりぐち農園には14枚もの梅畑が

青梅収穫作業

あるが、その畑の多さが一定の品質を保つ収穫をもたらしている。青梅、完熟梅、無添加梅干など、ほりぐち農園はまさに梅のスペシャリスト。5年前より、農薬をまったく使わずに梅を育てることに挑戦し、現在は出荷もおこなっている。「樹は人を見る、正直で嘘をつかない、手をかけたぶんだけ返してくれる」と語る育男氏。梅への情熱はますます高まっている。

### アピールPOINT

昨今、食の安心、安全が見直されています。私たちはこのことを一番に考えながら、日々農作業に励んでいます。当農園で生産する青梅と梅干は、昔から日本人に親しまれてきた食品で、それを生産し販売することは誇りであり、責任を感じています。「美味しかった」「すごく大きい梅で初めて見た」「綺麗な梅でびっくりした」などのお客様からの声が私たちを支えてくれています。

堀口育男氏

## 主要品目の紹介

### 白干し梅干

10kg 15,750円

自家農家で収穫した青梅を塩漬けし、太陽のもとで天日干ししたのちに選別して販売。商品によって2年もの、3年ものなどがある。

| 1 | 2 | 3 | 4 | 5 | 6 | 7 | 8 | 9 | 10 | 11 | 12 |
|---|---|---|---|---|---|---|---|---|----|----|----|

### 調味梅干

1kg 3,675円

自家農園の梅を使用し、梅干本来の良さ、クエン酸や塩味を残しながら、食べやすくした一品。

| 1 | 2 | 3 | 4 | 5 | 6 | 7 | 8 | 9 | 10 | 11 | 12 |
|---|---|---|---|---|---|---|---|---|----|----|----|

### 梅シロップ

200g オープン価格

自家農園の青梅を使用し、家庭で作る味を大切にした手作り感のある期待の新商品。2015年春販売予定。現在製作中。

| 1 | 2 | 3 | 4 | 5 | 6 | 7 | 8 | 9 | 10 | 11 | 12 |
|---|---|---|---|---|---|---|---|---|----|----|----|

### 取扱販売店

ほりぐち農園ホームページ
http://www.ume-nouka.jp

近畿・中四国

# 53 島根県 有限会社 やさか共同農場

〒697-1212 島根県浜田市弥栄町三里ハ38番地　TEL.0855-48-2510　FAX.0855-48-2066
E-mail：yasaka@sx.miracle.ne.jp　http://fish.miracle.ne.jp/sennin-g/yasaka/yasaka_backup/nojo_home.html

**OB DATA**

佐藤 大輔
代表取締役
農学部農学科
平成15年卒

■ルーツ産業
- 1次：稲作・畑作・野菜
- 2次：農産加工・味噌製造
- 3次：販売・交流

■経営概要
- 創　業…1989年
- 経営内容…稲作、畑作、野菜、果
- 経営面積…35ha
- 従業員数…20名

## かつて日本のどこにでも見られた山村風景 すべては40数年前に4人の手でスタート

　やさか共同農場のある島根県弥栄村は、村内に信号機がない山あいにある。ナラ、クヌギ、ケヤキの森が広がり、渓流には水ワサビが茂り、ヤマメが棲んでいる手つかずの自然が残っている。法人化したのは1989年だが、始まりは1972年に4人のメンバーが産直運動と過疎村の復活を目指したワークキャンプ活動としてこの村にやってきたことから。冬場の大雪でも可能な味噌作りを柱にした農産加工から着手した。現在は地元のJA、集落営農組織と共同で、減農薬や有機栽培の水稲、大豆、大麦を20ha以上栽培している。また、アジア研修生、新規就農者を積極的に受け入れているだけでなく、「やさか農村塾」では毎年、実習生を受け付けている。

高津圃場にて、タカノツメ定植の休憩中

### アピールPOINT

　40数年前、共同体の建設という夢を胸にこの地にやってきました。様々な壁や曲折がありながらも、地元の方と協力しあい、都会から来た田舎暮らしや有機農業を志す仲間と、味噌や農産品を作り続けています。食べること、生きること、作る人、届ける人、食べる人にこだわり、心も身体も心地よくなる食べものをこれからも作っていきたいと思っています。

佐藤大輔 代表

## 主要品目の紹介

### 有機甘口みそ

750g 961円

雪に囲まれた寒い気候と澄んだ水を生かし、天然酵母でじっくりと熟成させた酵母が生きている生味噌。国産原料と国産有機の原料を使用した2種類の味噌があり、いずれも添加物は一切使用していない。

| 1 | 2 | 3 | 4 | 5 | 6 | 7 | 8 | 9 | 10 | 11 | 12 |
|---|---|---|---|---|---|---|---|---|----|----|----|

### 有機玄米甘酒

250g 432円

国産有機栽培の米と米麹を一昼夜かけて発酵させた、なつかしい自然の味が特徴の甘酒。ノンアルコール、ノンシュガーでお子様にもおすすめ。

| 1 | 2 | 3 | 4 | 5 | 6 | 7 | 8 | 9 | 10 | 11 | 12 |
|---|---|---|---|---|---|---|---|---|----|----|----|

### 有機トマトジュース

720ml 1,026円

太陽の恵みをたっぷり浴びた有機完熟トマトを生搾りしたトマトジュース。無塩でさっぱりとしたのどごし。野菜スープとしてもおすすめ。

| 1 | 2 | 3 | 4 | 5 | 6 | 7 | 8 | 9 | 10 | 11 | 12 |
|---|---|---|---|---|---|---|---|---|----|----|----|

### 取扱販売店

**有限会社やさか共同農場**

〒697-1212
島根県浜田市弥栄町三里ハ38番地
TEL.0855-48-2510
［営業時間］
8:00～17:00（休業 日曜日）
※インターネット、提携する生協、こだわりの食品を扱う店舗でも購入可能

**その他取扱販売店**　「ナチュラルハウス」「こだわりや」「クレヨンハウス」「オーサワジャパン」など

近畿・中四国

# 54 岡山県 レッドライスカンパニー株式会社

〒719-1143 岡山県総社市上原351-2　TEL.0866-90-3117　FAX.0866-90-3117
E-mail : info@redrice-co.com　http://www.redrice-co.com

**OB DATA**

難波 友子
代表取締役
短期大学部醸造学科
平成14年卒

■ルーツ産業
- 1次：米
- 2次：米加工品製造
- 3次：直売・委託販売

■経営概要
- 創　業…2012年
- 経営内容…水田、米加工品製造、販売
- 経営面積…赤米 2.5ha
- 従業員数…3名

## 岡山・総社伝統の赤米を全国へ
## 伝統に最新技術と感性を加えた加工品を

食育と観光を中心とする赤米圃場

　古く吉備国として栄え、歴史的情緒と、豊かな田園風景に囲まれる岡山県総社市。高梁川の流れる肥沃な土壌に恵まれ、先進的な米作りにも積極的に取り組むこの地で栽培されているのが「あかおにもち」。古代より受け継がれる総社赤米と、サイワイモチを掛け合わせて生まれた新しい赤米で、総社赤米の遺伝子を継ぐ唯一の品種である。赤い米を社名にしたレッドライスカンパニー株式会社は、農水省6次産業化法に基づく事業計画認定企業として、赤米の生産・加工・販売を一貫して行っている。「岡山の赤米を全国へ」。このテーマのもと、甘酒やベーグルなど、赤米の特徴を生かした多岐にわたる加工品を開発、県内や首都圏を中心に販売している。

### アピールPOINT

もちもちとした食感と独特の甘みの「あかおにもち」は、ポリフェノールやビタミン、ミネラル、食物繊維など、現代人に不足しがちな栄養素を多く含む"天然のサプリメント"。この赤米を全国の皆様にぜひ味わっていただきたい—レッドライスカンパニーでは、全国の皆様に岡山の赤米を安心してお召しいただけるよう、金属検出機などの設備を導入し、高い安全基準を満たした商品のみを出荷しています。

難波友子 代表

## 主要品目の紹介

### 赤米 もち玄米

100g オープン価格

白米1合に対してティースプーン2～3杯を混ぜて一緒に炊くと、淡いピンクの赤飯に。無添加・無着色。ビタミン、ミネラル、食物繊維、ポリフェノールを豊富に含み、健康食としておすすめ。

| 1 | 2 | 3 | 4 | 5 | 6 | 7 | 8 | 9 | 10 | 11 | 12 |
|---|---|---|---|---|---|---|---|---|----|----|----|

### 赤米甘酒 はれのひ

230g オープン価格

岡山県育成品種あかおにもちと岡山県産米のみを使用した珍しいピンク色の甘酒。第13回グルメ＆ダイニングスタイルショー春2013にてビバレッジ部門大賞を受賞。2倍～3倍に希釈してお召し上がり下さい。

| 1 | 2 | 3 | 4 | 5 | 6 | 7 | 8 | 9 | 10 | 11 | 12 |
|---|---|---|---|---|---|---|---|---|----|----|----|

### 赤米味噌 ヒカリノミ

500g オープン価格

自社産の赤米で麹を作り、昔ながらの製法で仕込んだ麹比率の多い田舎味噌です。お味噌汁にすると赤米の赤い粒が残っており幸せな気分に!!歌手、相川七瀬さんとのコラボ商品です。

| 1 | 2 | 3 | 4 | 5 | 6 | 7 | 8 | 9 | 10 | 11 | 12 |
|---|---|---|---|---|---|---|---|---|----|----|----|

## 取扱販売店

**日本百貨店 しょくひんかん**

〒101-0022
東京都千代田区神田練塀町8-2
TEL.03-3258-0051
http://syokuhinkan.nippon-dept.jp/contact
［営業時間］
11:00～20:00
（定休日：元日、6月の第一水曜日、11月の第一水曜日）

# 55 阿部農園
広島県

〒729-1211 広島県三原市大和町大草4648番地　TEL.0847-33-1201　FAX.0847-33-1378
E-mail : abenouen@mail.mcat.ne.jp　http://abenouen.flips.jp

## OB DATA

**阿部 雅昭**
農学部農芸化学科
昭和46年卒

■ ルーツ産業
- 1次：桃
- 2次：加工・製造
- 3次：販売

■ 経営概要
- 創　業…1957年
- 経営内容…果樹、水稲
- 経営面積…4ha
- 従業員数…5名

## 文字通りの"桃源郷"で丹精込めた理想の桃を開発・生産

　阿部農園は広島県の中心部に位置した緑の奥座敷、大和町にある。標高400mのなだらかな丘陵、瀬戸内海の温和な気候、昼夜の温度差、おいしい水など恵まれた自然条件のもと、永年いつくしみ育まれてきた桃の里。阿部農園では、さんさんと降り注ぐ太陽の下で幼果の時よりひとつひとつに袋をかけ、徹底した品質管理で大切に桃を育てている。収穫は7月中旬の「みさか白鳳」に始まり、7月下旬には「白鳳」「浅間白桃」「あかつき」「阿部水蜜」、8月中旬には「つきあかり（黄桃）」「なつおとめ」など、8月下旬には「川中島白桃」「つきかがみ（黄桃）」、そして9月中旬の当園で育成品種登録した「阿部白桃」まで品種を変えて充実の日々が続く。

6月の阿部農園の風景

### アピールPOINT

　悠久の歴史と伝説の中で、桃は不老長生の妙薬として珍重され、またわが国でも「古事記」や「日本書紀」には"鬼ばらいの実"として記され「万葉集」にも歌われているなど、桃は古来からこよなく愛され続けてきました。私たちが手塩にかけた、薫り高く気品ある旬の桃をご賞味ください。特に「阿部白桃」「阿部水蜜」などは阿部農園で育成したオリジナル品種です。ぜひ一度お試しください。

阿部雅昭氏

## 主要品目の紹介

### 阿部白桃

2個入り 5,000～15,000円（税・送料別）

農水省品種登録第922号。熟しても硬い肉質で、表皮は手でむけない脆質といわれる珍しい品種。ナイフを入れると鮮やかな紅斑と薫りが萌え立ち、口にすれば酸味と甘みのバランスがほどよく贅沢な味わい。

| 1 | 2 | 3 | 4 | 5 | 6 | 7 | 8 | 9 | 10 | 11 | 12 |
|---|---|---|---|---|---|---|---|---|----|----|----|
|   |   |   |   |   |   |   |   | ●━● |    |    |    |

### 阿部水蜜

6個入り 3,000～6,000円（税・送料別）

農水省品種登録第8736号。「阿部白桃」を母に、「清水白桃」を父にして生まれたオリジナル品種。花粉がないため一花ごと手作業で授粉する。果汁が多く、とろけるような食感が特徴。

| 1 | 2 | 3 | 4 | 5 | 6 | 7 | 8 | 9 | 10 | 11 | 12 |
|---|---|---|---|---|---|---|---|---|----|----|----|
|   |   |   |   |   |   |   | ●━● |   |    |    |    |

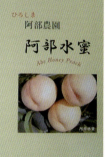

**きょうの紙面**

カルタで方言を学ぶ 29面
日系四世が一世研究 31面

**わいど地方版** 27―31面

**果汁たっぷり桃新品種**

広島県大和町の阿部農園が開発した桃「阿部水蜜（すいみつ）」が農水省に品種登録された。4日に披露・祝賀会を開く。果汁が多く、糖度が高いのが特徴。

━30面

## 取扱販売店

**阿部農園**
〒729-1211
広島県三原市大和町大草4648番地
TEL.0847-33-1201　FAX.0847-33-1378
[営業時間]10:00～17:00（期間中無休）

阿部農園の桃を使ったお菓子の販売店
ポワブリエール POIVRIERE
〒730-0847
広島県広島市中区舟入南3-12-24
TEL.082-234-9090

# 56 広島県 長畠農園

〒722-2412 広島県尾道市瀬戸田町高根501-5　TEL.0845-27-2367
E-mail : yukatoma@beige.plala.or.jp　http://www11.plala.or.jp/nagahata

## OB DATA

**長畠 耕一**
農学部農芸化学科　昭和51年卒

**長畠 弘典**
国際食料情報学部食料環境経済学科　平成14年卒

### ■ルーツ産業
- 1次 レモン・みかん
- 2次 加工・製造
- 3次 販売

### ■経営概要
- 創　業…1914年
- 経営内容…果樹
- 経営面積…3.5ha
- 従業員数…4名

## レモン生産量日本一を誇る広島から こだわりの柑橘類を届け続けたい

海の幸・山の幸が豊かな瀬戸内「しまなみ海道」の真ん中、広島県尾道市瀬戸田町の"高根島の段々畑"から、品質第一の柑橘類を通年お届けしようと汗を流しているのが、家族経営の長畠農園だ。国産レモンの60％の生産量を誇る広島の恵まれた気候風土を活かし、品種構成、ハウス栽培、低温貯蔵施設を活用しながら、国産柑橘類の通年供給を目標にしている。主力の無農薬レモンはテレビや雑誌などメディアも注目する逸品。有機栽培の基準で使用できる農薬を含め一切の農薬を使用せず、ハウスには害虫の天敵を入れたり直接手でつぶしたりなどの手間を注ぎ込んだ安全で美味しいレモンは、有名シェフの指名を受けるほどの品質を誇る。

無農薬レモンハウス

## アピールPOINT

安心、安全をモットーに、「もう一度、食べたい」とおっしゃっていただけるような高品質な果実生産に挑戦しています。また、販売サイトも併設しているホームページでは、柑橘類を使ったレシピや健康法などの情報も掲載しておりますので、ぜひご覧ください。

長畠ファミリー

## 主要品目の紹介

### 無農薬レモン／低農薬レモン

1kg 1,400円

化学合成農薬及び有機栽培で使用できる農薬も含め一切の農薬の使用を可能な限り抑えて栽培される。無農薬レモンにいたっては農薬を一切使用しない長畠農園の看板。肥料は有機100%。ジューシーで、酸味が柔らかくほの甘い。もちろん安全は折り紙つき。

| 1 | 2 | 3 | 4 | 5 | 6 | 7 | 8 | 9 | 10 | 11 | 12 |
|---|---|---|---|---|---|---|---|---|---|---|---|

### 露地栽培レモン

1kg 800円

特別栽培基準による、減農薬栽培。肥料は有機100%。収穫から出荷に至るまで、防腐剤・ワックスを使用しないため、皮ごと食べても安心。

| 1 | 2 | 3 | 4 | 5 | 6 | 7 | 8 | 9 | 10 | 11 | 12 |
|---|---|---|---|---|---|---|---|---|---|---|---|

### 高根みかん

2kg 1,500円

木に成った状態で熟してから収穫する「完熟栽培」ならではの、芳醇な味わいの極上みかん。

| 1 | 2 | 3 | 4 | 5 | 6 | 7 | 8 | 9 | 10 | 11 | 12 |
|---|---|---|---|---|---|---|---|---|---|---|---|

## 取扱販売店

**JA三原やっさふれあい市場（三原店・本郷店）**
三原店：〒729-0414 広島県三原市皆実4-7-28　TEL.0846-63-3446
本号店：〒729-0414 広島県三原市下北方1-1-13　TEL.0848-85-0485
［営業時間］9:00～18:00（月～金）／9:00～17:00（土日祝）／年中無休（但し1月1日～5日休業）

**全農ひろしまとれたて元気市**
〒731-0124 広島市安佐南区大町東2-14-12　TEL.082-831-1831
［営業時間］9:00～18:00（盆、正月（5日間））

**旬八青果店（五反田店 目黒警察署前店）**
目黒警察署前店：〒153-0061 東京都目黒区中目黒4-5-2 福田ビル1F　［営業時間］10:00～20:00
五反田店：〒153-0051 東京都品川区西五反田2-31-6 1F　［営業時間］10:00～21:00

# 馬舩とまとファミリー

広島県

〒727-0423 広島県庄原市高野町下門田306　TEL.0824-86-2603　FAX.0824-86-2603
E-mail : mabune-tomato@u-broad.jp

## OB DATA

馬舩 純一
農学部農学科
平成12年卒

■ ルーツ産業
- 1次　野菜栽培
- 2次　加工・製造
- 3次　販　売

■ 経営概要
創　業…2010年
経営内容…菜園、加工
経営面積…1ha
従業員数…4名

## 家族の愛情を注いだトマトで地域農業をリードする

　馬舩とまとファミリーは中国山地のほぼ中央に位置する、広島県最北端の町・庄原市高野町にある。標高480〜800ｍに分布するこの町の耕地は年平均気温が10.6℃と冷涼な気候で、リンゴ栽培が盛んな地域だ。ここでの朝晩の温度差が、果肉が硬く棚持ちがよいトマト作りに適している。馬舩とまとファミリーは夏秋トマト専業農家として、地元の牛堆肥と落ち葉の腐葉土を利用した、味にこだわったトマト作りをしている。「大玉桃太郎」ほか、少量多品目のトマトを生産するほか、地元食材を利用した手作りの加工品の製造・販売にも力を入れている。さらに農作業体験や農家民泊などの受け入れも積極的に取り組み、地域農業をリードする存在を目指している。

トマトもぎ取り体験の様子

### アピールPOINT

　家族みんなの愛情をたっぷり注いだトマトをぜひ味わってください。高野の地が大好きだから、高野のトマトの魅力をもっと広く知っていただけるよう努力しています。トマトと加工品の生産を通して、家族と地域を見つめ、生活を楽しく現代を生きる者として成長していけたらと思っています。

馬舩純一氏（右）

## 主要品目の紹介

### 野菜ピクルス

230g 700円

地元で収穫された旬の野菜から作られた自家製ピクルス。そのまま食べても、パンにはさんでも。種類も豊富でいろいろな素材をいろいろな味で楽しめる。

| 1 | 2 | 3 | 4 | 5 | 6 | 7 | 8 | 9 | 10 | 11 | 12 |
|---|---|---|---|---|---|---|---|---|---|---|---|

### 高原スムージー

250g 300円

高野町特産のトマトとリンゴを使ったカキ氷風ドリンク。地元のイベントや祭りのみで対面販売している。
(夏季限定イベント不定期)

| 1 | 2 | 3 | 4 | 5 | 6 | 7 | 8 | 9 | 10 | 11 | 12 |
|---|---|---|---|---|---|---|---|---|---|---|---|

### 高原とまとジャム(赤・青)

150g 600円

完熟した赤いトマトと熟れる前の青いトマトを使用した自家製トマトジャム。自然な甘さで野菜が苦手な方にも好評。

| 1 | 2 | 3 | 4 | 5 | 6 | 7 | 8 | 9 | 10 | 11 | 12 |
|---|---|---|---|---|---|---|---|---|---|---|---|

## 取扱販売店

**道の駅 たかの**

〒727-0423
広島県庄原市高野町下門田49
TEL.0824-86-3131

[営業時間]
9:00～18:00
定休日 水曜日(不定期)、年末年始

**その他取扱販売店**　「食彩館しょうばらゆめさくら」

近畿・中四国

# 58 高知県

## 株式会社戸梶

〒781-0012 高知県高知市仁井田3060　TEL.088-878-0053　FAX.088-883-2234
E-mail：tokaji@kokokoi.com

**OB DATA**

戸梶 雅文
農学部農業工学科
昭和54年卒

■ ルーツ産業
- 1次　果樹（ゆず）
- 2次　ゆず酢・ジンジャシロップ
- 3次　直売・委託販売

■ 経営概要
経営内容…果樹
経営面積…2ha
従業員数…2名

## 生産量日本一のゆずと生姜
## 地元の伝統と誇りを守り育てる土佐魂

　徳島県、愛媛県とともにゆずの産地として名をはせる高知県は、全国シェアの約4割を占める日本一の生産量を誇る。ゆずはほかの柑橘類と違い、海岸部に近い温暖な地よりも少し内陸の山間部で、夜間と日中の寒暖差が大きい斜面で栽培されることが多く、戸梶のゆず畑もそうした場所でゆず栽培を行い、香り高いゆずを生産している。また、意外と知られていないのが、高知県は生姜の生産量も日本一。戸梶もまた、この名産品である生姜畑も併設している。栽培のほか加工品の生産、繁忙期には他の生産者への労働力提供なども積極的に行うなど、地元の伝統と誇りである名産を守る努力を続けている。

### アピールPOINT

　高知県山間部では、高齢化が進みゆず等の生産も大変な状況です。私共は、ゆず畑荒廃を少しでも防ぐため当社が御役に立てればと、有機農薬未使用で、ゆず栽培等を行っております、収穫時期には他生産者の方への作業員等の手配も協力させていただいております。収穫したゆずは、都内のマルシェ等に出店し販売致しております。まず、知ってもらう、食べてもらうのが基本だと考えます。

## 主要品目の紹介

### ゆず酢

300cc 1,400円

有機無農薬栽培によるゆずの天然果汁100％使用。

### 生姜

1kg 1,800円

豊かな土地と温暖な気候、清冽な水が、香り高く風味や辛みがしっかりとした生姜を育てる。

### ジンジャシロップ

300cc 1,200円

高知産レモン汁と果糖を加え、上品で香り高いシロップに。冷たい水で割って健康的なジュースに、お湯で薄めて飲めば風邪も退散。

近畿・中四国

# 59 福岡県 有限会社 緑の農園

〒819-1304 福岡県糸島市志摩桜井4767番地　TEL.092-327-2540　FAX.092-327-2540
E-mail：hayase@natural-egg.co.jp　http://www.natural-egg.co.jp

## OB DATA

**早瀬 憲太郎** 代表取締役
農学部農学科　昭和45年卒

**早瀬 憲一** 取締役
農学部畜産学科　平成23年卒

### ■ルーツ産業
- 1次：鶏卵
- 2次：洋菓子製造
- 3次：直売・委託販売

### ■経営概要
創　業…1989年
経営内容…畜産（産卵鶏）、洋菓子製造、鶏卵と洋菓子の販売
家畜飼育規模…7,000羽
従業員数…26名

## 子供のために、未来のために
## 至高の卵、その卵でつくったケーキを販売

　有限会社緑の農園は、ブランド卵「つまんでご卵」を生産、直売店「にぎやかな春」でその卵を中心に安全な食材を販売。また、「つまんでご卵」を使用したロールケーキをメインにした洋菓子を製造・販売する「つまんでご卵ケーキ工房」を経営し、6次産業を実践している。

農場を支えるスタッフ。山羊も鶏舎の草刈りで活躍中。

「つまんでご卵」は鶏卵場につきものとされてきた臭い、ハエ、騒音、排水などの公害要素を排除した「完全無公害」の平飼い鶏舎での飼育により、味と卵質において「鶏種の限界」ともいえる域に達した。その卵をベースに、「添加物なし。本来の製造法で作った食品」の提供を追求している。

## アピールPOINT

　緑の農園の「つまんでご卵」は、黄身が指でつまめます。決して奇跡などではありません。地面の上で飼育した幸せな鶏の産んだ卵は弾力があり、黄身がつまめるのです。味は濃厚なのに低コレステロール。なにより安全。おかげさまで「つまんでご卵」は人気ブランド卵となり、慢性的な品薄になるほどに成長しました。私たちは未来の正しい食のために、「本来の製造法」にこだわり続けます。

早瀬憲太郎 代表

## 主要品目の紹介

### つまんでご卵

20個 1,512円

平飼いという、ストレスの少ない環境で産まれた卵は、黄身がつまめるほど丈夫。同時に、白身までつまめる強さ。おいしさと安全性を極めた理想の卵。

| 1 | 2 | 3 | 4 | 5 | 6 | 7 | 8 | 9 | 10 | 11 | 12 |
|---|---|---|---|---|---|---|---|---|----|----|----|

### つまんでご卵ロールケーキ

18cmサイズ 1,890円

つまんでご卵と国産石臼挽き小麦粉のかもし出す「本物の味」のハーモニー。リピーターが増え続ける人気商品。

| 1 | 2 | 3 | 4 | 5 | 6 | 7 | 8 | 9 | 10 | 11 | 12 |
|---|---|---|---|---|---|---|---|---|----|----|----|

### 万歩鶏(まんぽけい)スープ

500ml 378円

つまんでご卵を産んだ鶏のガラも、卵同様に他の鶏ガラとは別格の質。1日1万歩という運動量から名づけられたこの鶏のスープは、臭みがなく澄んだ黄金色の上質なスープに。

| 1 | 2 | 3 | 4 | 5 | 6 | 7 | 8 | 9 | 10 | 11 | 12 |
|---|---|---|---|---|---|---|---|---|----|----|----|

## 取扱販売店

**直売店「にぎやかな春」**

〒819-1304
福岡県糸島市志摩桜井5250-1
TEL.092-329-4800
FAX.092-327-2540

[営業時間]
9:30～17:00(年中無休)

**その他取扱販売店** 「三越(福岡)」「阪急(博多)」「福岡市内ボンパラス各店」

九州・沖縄

# 60 白浜農産

佐賀県

〒849-1203 佐賀県杵島郡白石町大字戸ヶ里2503-1　TEL.0954-65-4189
E-mail：manabun@cableone.ne.jp　http://www.umakakome.com

**OB DATA**

白浜 学
農学部 農学科
平成15年卒

■ ルーツ産業
- 1次 自営業・農家
- 2次 加工・製造
- 3次 販売

■ 経営概要
経営内容…水田
経営面積…所有11ha、借入15ha
従業員数…8名

## 太陽、水、大地、作物に学ぶ
## おいしい米を特別栽培方式で栽培

「太陽に学び、水に学び、大地に学び、作物に学ぶ。」をモットーに、佐賀県白石町にて米作りに従事する白浜農産。見渡す限り田園風景の佐賀平野に位置し、有明海に面していて肥沃な土壌がおいしい米作りに適している。この地で、普通栽培したものに比べて化学肥料、化学農薬の基準を半分以下に減らして代わりに堆肥などを使用し、各都道府県が定める特別栽培用の基準をクリアした安全な「特別栽培米」の生産を7年前から開始した。同時に米食味分析コンクールに出品した「さがびより」は、2012年に佐賀県では初めてとなる特別優秀賞を受賞。農薬や化学肥料に頼らない健全な稲を育てることで、おいしい米作りを目指している。

### アピールPOINT

現在お米は「粒の大きさ」「粒の形」に一定の基準値があり、それによってグレードが分けられます。多くの米農家は化学肥料や化学農法を使用して、外見のよいお米を高い評価で売っているのが現実です。食の安全は「高いから安心」「安いから危険」ではなく、価格の差＝おいしさの差でもありません。そんな中で安心しておいしいお米を食べていただきたい、と試行錯誤を重ねてコシヒカリを作っています。

白浜学氏

## 主要品目の紹介

### 学のひのひかり

5kg 2,500円

圃場ごとに食味を分析し、タンパク質が6.8以下、水分14〜15%の米だけを「学のひのひかり」として販売。減農薬・減化学肥料で佐賀県の特別栽培の認証を取得している。

| 1 | 2 | 3 | 4 | 5 | 6 | 7 | 8 | 9 | 10 | 11 | 12 |
|---|---|---|---|---|---|---|---|---|----|----|----|

### さがびより

5kg 2,500円

圃場ごとに食味を分析し、タンパク質が6.3以下、水分14〜15%の米だけを「さがびより」として販売。米食味分析コンクールで特別優秀賞を受賞した、白浜農産の看板商品。

| 1 | 2 | 3 | 4 | 5 | 6 | 7 | 8 | 9 | 10 | 11 | 12 |
|---|---|---|---|---|---|---|---|---|----|----|----|

### 取扱販売店

HP:www.umakakome.com
FB:https://www.facebook.com/Shirahamanousan

# 61 株式会社ドリームファーマーズ

大分県

〒872-0521 大分県宇佐市安心院町下毛1193-1　TEL.0978-58-3534　FAX.0978-44-1123
E-mail：dream-farmers@oct-net.ne.jp　http://www.osama777.com

**OB DATA**

**宮田 宗武**
代表取締役
農学部農学科 平成9年卒
大学院農学専攻修士（博士前期）課程
平成11年修了

■ ルーツ産業
- 1次：ぶどう栽培
- 2次：加工・製造
- 3次：直売

■ 経営概要
創　業…2012年
経営内容…ぶどうの生産、加工、販売
経営農地面積…4.5ha
従業員数…10名

## 「農」を守るための6次産業化に取り組み
## 地元農業青年が結成した"ドリームチーム"

　1次産業を守るための6次産業化を念頭に、「農家のチカラで農村イノベーション」を経営理念として掲げているのが、大分県宇佐市の株式会社ドリームファーマーズ。2009年、東京農大大学院を卒業後家業のぶどう園に就農した宮田氏を中心に、大分県宇佐市内の地元農業青年5名で結成された。結成後はそれぞれの農園の生産物のカタログ販売や、各種イベントなどでPR活動を開始。2011年に、ぶどうの加工品及び商品化に関する調査・研究を実施し、干しぶどうの商品開発をスタート。翌年5月に6次産業化法に基づく総合化事業計画が認定され法人を設立、同年8月に大分県地域活動支援事業で干しぶどうの加工場を建設、以後干しブドウ以外のドライフーズの加工販売を行っている。2013年3月に全国青年農業者会議のプロジェクト発表で農林水産大臣賞を受賞した。

### アピールPOINT

　父の代より自然な種あり巨峰を有機質肥料のみで栽培し、「王さまのぶどう」というブランドで個人経営（宮田ファミリーぶどう園）も頑張っています。個人と法人の両輪で「魅力ある農村ライフを！農業経営を！」実践して1次産業を盛り上げたい。そんな想いのつまった商品たちを、よろしくお願いします。

宮田宗武 代表

## 主要品目の紹介

### 王さまのぶどう（有核巨峰）

1kg 1,000円〜2,000円

「忘れられないおいしさ」を追求し、有機質肥料のみを使用したこだわりの種あり巨峰。

| 1 | 2 | 3 | 4 | 5 | 6 | 7 | 8 | 9 | 10 | 11 | 12 |
|---|---|---|---|---|---|---|---|---|---|---|---|
|   |   |   |   |   |   |   |   |   |   |   |   |

### 安心院干しぶどう 各種

35g 648円〜

甘酸っぱい「種入り巨峰1青春篇」のほか、「王さまのぶどう」のみを使った濃厚な種入り干しぶどう、種なし品種のみのミックスなど。

| 1 | 2 | 3 | 4 | 5 | 6 | 7 | 8 | 9 | 10 | 11 | 12 |
|---|---|---|---|---|---|---|---|---|---|---|---|
|   |   |   |   |   |   |   |   |   |   |   |   |

### 濃縮巨峰

500ml 1,612円

王さまのぶどうをまるごとしぼった稀釈タイプの巨峰ジュース。通年可。ストレート果汁もあり（1,296円、期間限定）

| 1 | 2 | 3 | 4 | 5 | 6 | 7 | 8 | 9 | 10 | 11 | 12 |
|---|---|---|---|---|---|---|---|---|---|---|---|
|   |   |   |   |   |   |   |   |   |   |   |   |

## 取扱販売店

**王さまのぶどう 直売所**

〒872-0521
大分県宇佐市安心院町下毛1193-1
TEL.0978-44-0155
FAX.0978-44-0172
［営業時間］
7月〜10月末 8:00〜19:00
（期間中無休）
11月〜6月末まで 10:00〜16:00頃
（水・木定休予定）
http://ousamanobudou.shop-pro.jp

**その他取扱販売店** 関東で「広尾 arobo」「F&F」等 大分では「玉の湯」「道の駅いんない」

九州・沖縄

# 株式会社 矢野農園

〒877-0201 大分県日田市大山町西大山4941　TEL.0973-52-2176　FAX.0973-26-2010
E-mail : yanoyano7@gmail.com　http://www.yanofarm.com

**OB DATA**

矢野 伸太郎
代表取締役
農学部農学科
平成2年卒

■ ルーツ産業
- 1次：梅栽培
- 2次：梅加工
- 3次：梅加工製品販売

■ 経営概要
創　業…1963年
経営内容…果樹
経営面積…1ha
従業員数…7名

## 日本一のお墨付き!
## 家族で手間暇をかけて作る「豊の香梅」

　矢野農園は1963年の創立以来、こだわりの梅干しを作り続けている。「南高い梅」を低農薬で育て摘み取ったのちに、天然海水塩で荒漬けし、土用干しという製造工程をたどる。梅干しだけでなく、紫蘇も「芳香赤紫蘇」を有機栽培し、紫蘇の汁が最も出やすい6～7月に摘み取った新鮮なものを使っている。こうしてひとつひとつ手間暇をかけて家族皆で作った梅干しが「豊の香梅」で、1995年には、4年に一度開催される全国梅干しコンクールで1200点の中から日本一に輝いた。また、梅干しを丁寧に裏ごししたねり梅や赤紫蘇のあざやかな色を生かした紅しょうがも製造。大分にこだわりの梅干しを作る農園あり。それが矢野農園である。

### アピールPOINT

　大学卒業と同時に就農しました。当時はエノキタケ栽培を中心に梅・スモモ・銀杏を栽培していました。栽培だけでは物足りなく、梅干しの販売を始めました。少しづつ販路を拡大し2003年に梅の栽培・加工に特化した経営に移行しました。梅干しの味は塩分16%で漬け込んでいますが梅の酸味を生かした昔ながらの味で好評を頂いています。

矢野伸太郎 代表

## 主要品目の紹介

### 梅干「豊の香梅」

1kg 2,800円（税・送料別）

天然海水塩と自家栽培の赤紫蘇を家族皆で作った無添加の梅干し。全国梅干しコンクールで最優秀賞を受賞した自慢の味。

| 1 | 2 | 3 | 4 | 5 | 6 | 7 | 8 | 9 | 10 | 11 | 12 |
|---|---|---|---|---|---|---|---|---|----|----|----|

### 小梅干し

1kg 3,000円（税・送料別）

七折という小梅の中でも梅干しに適した品種を使って梅干しにしました、天然海水塩を使っています。お弁当用として大変好評。

| 1 | 2 | 3 | 4 | 5 | 6 | 7 | 8 | 9 | 10 | 11 | 12 |
|---|---|---|---|---|---|---|---|---|----|----|----|

### 紅生姜

450g 1,200円（税・送料別）

梅を梅干しに漬け込むときにできる梅酢を使って漬け込んだ本格紅生姜、赤紫蘇をふんだんに使って美しい紅色に漬け込む生姜は契約農家（長崎県）で作ったものを使用。

| 1 | 2 | 3 | 4 | 5 | 6 | 7 | 8 | 9 | 10 | 11 | 12 |
|---|---|---|---|---|---|---|---|---|----|----|----|

## 取扱販売店

**株式会社矢野農園**
〒877-0201
大分県日田市大山町西大山4941
TEL.0973-52-2176

[営業時間]
10:00～16:00（土・日・祝日休み）

その他取扱販売店　「東急百貨店」「三越」「伊勢丹」

九州・沖縄

# 有限会社 勝目製茶園

63 鹿児島県

〒899-8601 鹿児島県曽於市末吉町岩崎2855-6　TEL.0986-76-3379
E-mail : senri_katsume@yahoo.co.jp　http://www.asia-tea.com/index.html

**OB DATA**

勝目 千里
専務取締役
国際食料情報学部食料環境経済学科(夜間生)
平成15年卒

■ ルーツ産業
- 1次：茶
- 2次：茶葉加工品製造
- 3次：直売・委託販売

■ 経営概要
創　業…1926年
経営内容…茶畑、茶葉加工品製造、販売
経営農地面積…30ha
従業員数…7名

## 土作り、多品種栽培…すべての手間は日本の茶文化を守り育てる心意気

　静岡県に次ぐ茶の生産県として、充実拡大の方向にある鹿児島県の茶産業。大隅半島、霧島山系に属し、温暖な気候と冬はとりわけ厳しい霧島おろしの風土、気質が育んできた茶園で、創業100年の伝統を守りつつ、高品質のこだわりのお茶作りを行っているのが勝目製茶園だ。微生物を使った土作りの上、最新鋭のシステムの機械装置を導入して近代化茶製造技術を取り入れ、23種の品種を栽培。日本茶のほとんどが「ヤブキタ」種という中にあって、あえて多品種に取り組み、多様化するニーズに応えている。緑茶はもちろん、紅茶においては当地の歴史にちなんだ「西南紅茶」としてブランド化も。さらに、鹿児島産の生姜を使った「生姜紅茶」や「柚子紅茶」など新しい味の提案も続け、楽天市場においても常にランク上位の人気の商品となっている。

アグリフードEXPOの商談会

### アピールPOINT

　創業以来四代目、お茶生産者として県の「エコファーマー」の認定も受けており、消費者のみなさんに美味しいと喜んで飲んで頂けるお茶作りに努力しています。お茶を愛する人たちに支えられてきた生活の中のお茶文化、日本茶を受け継ぐ生産者として、私たちはこれからも南国鹿児島で一生懸命努力していきたいと思っております。

勝目千里 専務

## 主要品目の紹介

### 緑茶

100g 1,080円

・ヤブキタ…優良品種のヤブキタ一番茶を「一芯二葉」で摘んだぜいたくなお茶。
・アサツユ…天然玉露と呼ばれ、誰もが認める飲みやすさと美しい緑色。
・サエミドリ…アサツユを父、ヤブキタを母に生まれた、期待に応えるバランスのよいお茶。

| 1 | 2 | 3 | 4 | 5 | 6 | 7 | 8 | 9 | 10 | 11 | 12 |
|---|---|---|---|---|---|---|---|---|----|----|----|

### 西南紅茶ティーバッグ

2g×15パック 864円

・柚子紅茶…レモンティーのレモンの代わりに柚子を入れたらちょっと「和風」に。
・黄金生姜紅茶…生姜の中でも特に辛味成分の高い黄金紅茶をブレンドして美と健康に。

| 1 | 2 | 3 | 4 | 5 | 6 | 7 | 8 | 9 | 10 | 11 | 12 |
|---|---|---|---|---|---|---|---|---|----|----|----|

### 豊雪

5g×10パック 1,296円

桑の葉と緑茶のブレンドティー。

| 1 | 2 | 3 | 4 | 5 | 6 | 7 | 8 | 9 | 10 | 11 | 12 |
|---|---|---|---|---|---|---|---|---|----|----|----|

### 取扱販売店

道の駅「四季祭市場」
〒899-8606
鹿児島県曽於市末吉町深川11051-1
TEL.0986-76-7702

[営業時間]
9:00～18:00

その他取扱販売店　楽天市場「勝目製茶園販売部 勝目商店」http://www.rakuten.co.jp/asia-tea/

# 有限会社 宮原製茶工場

鹿児島県
64

〒897-0302 鹿児島県南九州市知覧町郡16463-1　TEL.0993-83-2703
E-mail：miya03-0774@po3.synapse.ne.jp　http://www.chirancha.co.jp

**OB DATA**

宮原 俊郎
代表取締役
農学部農業経済学科
昭和58年卒

■ルーツ産業
- 1次　茶畑
- 2次　製茶
- 3次　卸小売・直売

■経営概要
- 創　業…1935年
- 経営内容…茶業
- 経営面積…5.5ha
- 従業員数…3人

## 緑茶のトップブランド「知覧茶」の伝統を徹底した品質管理で守り抜く

　平家の落人が北部山間地の手薫にて茶栽培を始めたという古い言い伝えがある、鹿児島の知覧茶。透き通った若緑とさわやかな香りが特徴で、各種品評会においても数々の賞を受賞しているブランド茶のひとつだ。1887年、知覧村一円で茶業組合を設立。現在の宮原製茶工場社長の曽祖父・宮原直二氏が組合長を務めたのち、村長として知覧の茶業を奨励してきた。以来、宮原製茶工場は知覧茶のトップリーダー的存在としてこの伝承を守り、知覧茶の品質向上、普及拡大に努めている。有機肥料・減農薬、無農薬栽培に努め、多くの手間をかけたその茶葉の評価は高く、全国各地からの取り寄せ需要も拡大している。

### アピールPOINT

　お茶作りに適した豊穣な土地と人のぬくもりに包まれて、おいしい知覧茶ができます。自園・自製・自販の当社では、お客様のもとに届くまで徹底した品質管理に努め、そのお茶が県の「うまい茶グランプリ」トップ10に選出されました。お茶の4大要素である香り・甘み・苦み・渋みのすべてを備え持った知覧茶。その磨き抜かれた味わいを、ごゆっくりとお楽しみください。

宮原俊郎 代表

## 主要品目の紹介

### 知覧茶 特上

100g 1,620円

有機質肥料と減農薬で丹精込めて栽培製造した一番茶を厳選使用した、自園自製、製造直売だからできる上質な知覧茶。

| 1 | 2 | 3 | 4 | 5 | 6 | 7 | 8 | 9 | 10 | 11 | 12 |
|---|---|---|---|---|---|---|---|---|----|----|----|

### 知覧茶 深蒸し

100g 1,080円

特別栽培の厳選した茶葉を深蒸し茶に仕上げ、普通の煎茶に増してコクのある香りと甘み、少しとろみのある深い緑の色合いのお茶を楽しむことができる。

| 1 | 2 | 3 | 4 | 5 | 6 | 7 | 8 | 9 | 10 | 11 | 12 |
|---|---|---|---|---|---|---|---|---|----|----|----|

### 知覧茶 ほたる

100g 864円

在来種を使った無農薬栽培のお茶。豊かな土壌のもと大切に育てられた「ほたる」は、遠い昔に味わった山茶の独特な風味を楽しむことができる。

| 1 | 2 | 3 | 4 | 5 | 6 | 7 | 8 | 9 | 10 | 11 | 12 |
|---|---|---|---|---|---|---|---|---|----|----|----|

## 取扱販売店

**有限会社宮原製茶工場 販売所**
〒897-0302
鹿児島県南九州市知覧町郡16459
TEL.0933-83-2703
FAX.0933-83-2703
http://www.chirancha.co.jp

[営業時間]
9:00～18:00
(時間外も電話対応いたします。)

九州・沖縄

# 65 沖縄県 農業生産法人(株)ぱるず

〒901-2423 沖縄県中頭郡中城村字北上原309　TEL/FAX.098-895-7746
E-mail：gshokita@gmail.com　http://www.pals-1.com

**OB DATA**

諸喜田 徹
代表取締役
農学部農業拓殖学科
平成2年卒

■ ルーツ産業
1次　果物・野菜
※2次、3次については現在進行中

■ 経営概要
創　業…2007年
経営内容…果樹、野菜
経営面積…0.4ha
従業員数…6名

## 沖縄県内で育った有機栽培の野菜や果物を販売 県外へのギフトとしても大人気

　有機を柱に2007年に起業し、まずは直売店を建設。県内外から有機農産物を中心に契約農家から取り寄せ、自然食の加工品などとあわせて販売しているのが沖縄の農業生産法人ぱるず。代表の諸喜田氏の故郷である今帰仁村では、畑のことを「ぱる」と呼び、会社名はその畑（農家）の集合体の意味からきている。扱うのは野菜、果実、お米、パスタ＆麺類、加工食品と様々だが、こだわりの野菜は沖縄ではゴーヤー、冬瓜、紅芋、小松菜などですべて農薬や化学肥料を使わずに栽培。いずれも沖縄では引っ張りだこの野菜ばかりだ。果物では人気の島バナナを始め、ブラジルバナナ、シークァーサー、アボカト、インドナツメ、ミルクフルーツと沖縄ならではのものばかり。

### アピールPOINT

食の安心・安全、そして美味しさに関心の高いお客様に支えられて7年になりました。2009年に法人化し、本格的に自社農場の運営に着手したのが2012年ですから、まだまだ本格的な農産物の生産までにはいたっておらず、道半ばというところです。加工に関しては場所の確保はすでに完了し、今後は飲料や菓子などの生産を計画しています。

諸喜田徹 代表

## 主要品目の紹介

### びわ

農薬・化学肥料を使わずに栽培。実は小ぶりながら糖度は十分で、日本で一番早い収穫のびわとして注目されている。農薬不使用で、生薬として珍重されているびわの葉酒の材料にも最適。

| 1 | 2 | 3 | 4 | 5 | 6 | 7 | 8 | 9 | 10 | 11 | 12 |
|---|---|---|---|---|---|---|---|---|----|----|----|
|   |   |   | ● |   |   |   |   |   |    |    |    |

### レイシ

農薬・化学肥料不使用。わずかな栽培本数だが、種が小さく可食部の多い玉荷包を中心に栽培している。楊貴妃が好んだ果物として有名で、一度口にすると忘れられない芳醇な味を体験できる。

| 1 | 2 | 3 | 4 | 5 | 6 | 7 | 8 | 9 | 10 | 11 | 12 |
|---|---|---|---|---|---|---|---|---|----|----|----|
|   |   |   |   | ●━━● |  |   |   |   |    |    |    |

### 島バナナ&ブラジルバナナ

農薬・化学肥料不使用。島バナナは沖縄在来のバナナで、その特徴はほどよい酸味と濃厚な甘口。台風や病害虫に弱く、栽培にはきめ細かい注意が必要とされる。ブラジルバナナは豊富な収穫量。

| 1 | 2 | 3 | 4 | 5 | 6 | 7 | 8 | 9 | 10 | 11 | 12 |
|---|---|---|---|---|---|---|---|---|----|----|----|
|   |   |   |   |   | ●━━━━━━━● |  |  |  |  |    |    |

## 取扱販売店

**農業生産法人㈱ぱるず**
〒901-2423
沖縄県中頭郡中城村字北上原309
TEL/FAX.098-895-7746
http://www.pals-1.com

# 66 沖縄県 やんばる物産株式会社

〒905-0024 沖縄県名護市字許田17-1　TEL.0980-54-0880　FAX.0980-54-0143
E-mail : info@yanbaru-b.co.jp　http://www.yanbaru-b.co.jp

## OB DATA
荻堂 盛秀
前代表取締役
農学部農業工学科
昭和40年卒

### ルーツ産業
- 1次：果物・野菜
- 2次：加工
- 3次：販売

### 経営概要
- 創業…1992年
- 経営内容…果樹、野菜
- 経営面積…0.3ha
- 従業員数…43名

## 沖縄の伝統的野菜にも挑戦
## 新鮮野菜や特産品を取り揃える道の駅

1994年に沖縄本島北部（やんばる）地区の農家や加工業者の農産品を、年中無休で販売するやんばる物産を設立し、2年後に直売所「道の駅」許田 やんばる物産センターをオープンさせた。前代表取締役の荻堂氏は、近年の農業従事者の高齢化や、農地の有休化で減少している伝統の島野菜を普及させるため、既存生産者や当会社職員で構成する農業生産法人合同会社やんばるよりあいファームを設立し、沖縄の伝統的野菜クワンソウ、ヨモギ、カンダバー、島唐辛子、タンカンみかん、シークァーサーなどの生産・加工に挑戦している。天ぷらの直売所で販売されているクワンソウやヨモギは、揚げたての懐かしい味で人気を集めている。

スタッフのみなさん

### アピールPOINT

「道の駅」許田やんばる物産センターを設立してから20年目を迎えました。物産センターには特産物売場、農産物売場、パン工房、フードコート、パーラー、お総菜売場・天ぷら店などがあり、テナントは10以上あります。沖縄の伝統野菜を生産・加工することで地元のお客様はもちろん、珍しがる外国人観光客などたくさんの人に喜ばれています。

荻堂盛秀 前代表

## 主要品目の紹介

### シークァーサー

1kg 400円

爽やかな香りとフレッシュな酸味、ビタミンがたっぷりの沖縄の健康果実。血糖値や血圧を抑制する働きのあるノビレチンが豊富に含まれている。

| 1 | 2 | 3 | 4 | 5 | 6 | 7 | 8 | 9 | 10 | 11 | 12 |
|---|---|---|---|---|---|---|---|---|----|----|----|
|   |   |   |   |   |   |   |   | ● | ●  | ●  | ●  |

### タンカンみかん

1kg 500円

南国沖縄の太陽の恵みをたっぷり浴びて育った、ジューシーでビタミンが多く含まれる冬みかん。

| 1 | 2 | 3 | 4 | 5 | 6 | 7 | 8 | 9 | 10 | 11 | 12 |
|---|---|---|---|---|---|---|---|---|----|----|----|
| ● | ● |   |   |   |   |   |   |   |    |    | ●  |

### カンダバー天ぷら

1個 50円

カンダバーは、沖縄の方言名で甘藷の葉のこと。カンダバージューシー(雑炊)、や味噌汁の具などとして使われるが、天ぷらにして販売している。

| 1 | 2 | 3 | 4 | 5 | 6 | 7 | 8 | 9 | 10 | 11 | 12 |
|---|---|---|---|---|---|---|---|---|----|----|----|
| ● | ● | ● | ● | ● | ● | ● | ● | ● | ●  | ●  | ●  |

## 取扱販売店

**道の駅**
**許田やんばる物産センター**

〒905-0024
沖縄県名護市字許田17-1
TEL.0980-54-0880
http://www.yanbaru-b.co.jp

[営業時間]
8:30～19:00 (年中無休)

※各社の都合により商品の掲載は割愛しております。

| 酪農 | ㈱企業農業研究所 中洞牧場 | OB DATA |
|---|---|---|
| 岩手県 | 〒027-0505 岩手県下閉伊郡岩泉町上有芸字水堀287<br>TEL.050-2018-0112 | 中洞 正 牧場長<br>農業拓殖学科<br>昭和52年卒 |

| 水田 | 株式会社 大嶋農場 | OB DATA |
|---|---|---|
| 茨城県 | 〒309-1127 茨城県筑西市桑山3327-1<br>TEL.0296-57-3774 | 大嶋 康司 代表取締役<br>農学部畜産学科<br>昭和56年卒 |

| 野菜 | 有限会社 鬼澤食菌センター | OB DATA |
|---|---|---|
| 茨城県 | 〒311-1406 茨城県鉾田市田崎1023<br>TEL.0291-37-0541 | 鬼澤 宏 専務取締役<br>農学部林学科<br>平成3年卒 |

| 酪農・果樹 | アイス工房ヴェルデ | OB DATA |
|---|---|---|
| 東京都 | 〒208-0021 東京都武蔵村山市三ツ藤1-80-3<br>TEL.042-560-6651 | 本木 祐一<br>農学部畜産学科<br>平成5年卒 |

| 酪農 | アルティジャーノ・ジェラテリア | OB DATA |
|---|---|---|
| 東京都 | 〒191-0033 東京都日野市百草329<br>TEL.042-599-2880 | 大木 聡<br>農学部畜産学科<br>昭和62年卒 |

| 酪農 | 磯沼ミルクファーム | OB DATA |
|---|---|---|
| 東京都 | 〒193-0934 東京都八王子市小比企町1625<br>TEL.042-637-6086 | 磯沼 正徳<br>短期大学農業科<br>昭和47年卒 |

| 酪農 | 株式会社 レッカービッセン | OB DATA |
|---|---|---|
| 東京都 | 〒153-0064 東京都目黒区下目黒5-3-12<br>TEL.03-5722-8686 | 笠原 高介 取締役<br>生物産業学部産業経営学科<br>平成14年卒 |

| 果樹 | 綱島 義光 | OB DATA | |
|---|---|---|---|
| 神奈川県 | 〒252-1107 神奈川県綾瀬市深谷中7-12-36<br>TEL.0467-78-0013 | 綱島 義光<br>農学部農業拓殖学科<br>平成4年卒 | 綱島 淳子<br>農学部農業拓殖学科<br>平成4年卒 |

| 野菜・果樹 | **亀田農園**株式会社 | **OB** DATA | |
|---|---|---|---|
| 広島県 | 〒725-0301 広島県豊田郡大崎上島町中野3518-8<br>TEL.0846-67-5015 | **亀田 英壮** 代表取締役<br>農学部農業経済学科<br>平成8年卒 | **亀田 文男** 会長<br>農学部農業拓殖学科<br>昭和45年卒 |

# 東京農業大学
# ベンチャー企業

「安心・安全・本物」の食と農の文化を
提供していく環境づくり、
地域のために健闘する卒業生への支援を目指して

（株）メルカード東京農大

（株）東京農大バイオインダストリー

（株）じょうえつ東京農大

# ㈱メルカード東京農大

TEL.03-5477-2250　FAX.03-5477-2251
E-mail : mercado@ichiba-n.co.jp
Web : http://www.ichiba-n.co.jp

現役大学生の自由な発想と企画が実現する役割をもつ

## 大学発の学生ベンチャー企業
## 「生産者↔農大↔消費者」の流通システム構築を目指す

　㈱メルカード東京農大（豊原秀和代表取締役社長・東京農業大学名誉教授）は、2004年4月6日に設立以来、今期（2014年4月1日〜2015年3月31日）で11年目となる。

　事業展開の基本方針は、昨今の揺らぐ食の信頼に対して不安をもつ消費者に、「安心・安全・本物」の食と農の文化を提供していく環境を創出整備していくとともに、国内外の地域と連携しながら、地域のために健闘する卒業生への支援、地域活性化支援（地域興し、地場産業支援）を図っていくことだ。また、大学発の学生ベンチャー企業であり、学生の自由な企画と学びの役割もはたしている。

　農大市場は、「生産者↔農大↔消費者」という新しい流通チャンネルのシステム構築を目指し、インターネットを通じて大学や卒業生が開発した農産物や加工品を販売している。商品化の背景や開発に関わった人が見える商品を消費者に届けることは、「安心・安全・本物」を標榜する当社において活動の基本となる。

　一方、国内外の「農」と「食」の関連分野で活躍する卒業生の商品

● ㈱メルカード東京農大

　を販売することで活性化を促し、地域と卒業生と大学の交流の輪を広げている。本格的には2014年度の事業展開となるが、「OB商品」、「地域連携商品」のインターネット販売をますます拡大し、生産者と消費者を結ぶ役割をはたしていきたいと考えている。

　当社の代表的商品に「カムカム商品」がある。農大卒業生の鈴木孝幸氏が、ペルー国のプカルパ地域にある農家に、カムカムの栽培指導や支援を続けている。麻薬コカインの原料であるコカ栽培からカムカム栽培に転換させる支援でもある。カムカムの苗木を農家に無償で配布し、果実を買い取ることで、商品作物として地域に着実に定着し、就業機会が増えたことで、農民の暮らしが向上、テレビ、冷蔵庫、洗濯機などをもつ家庭が年々増えている。

　また、校友支援、地域支援の活動を通じて、オール東京農大の広報活動にも寄与できるよう活動している。具体的に広報効果が顕著だったのは、カムカムの生産地のリポートと当社の活動を取材報道し、2014年2月にテレビ東京で放送された「未来世紀ジパング」。放送の反響は大きく、当社及びカムカムについての問い合わせ、商品の注文件数が1ヶ月で約2,000件となった。これまでに「カムカムドリンク缶」「カムカムドリンク コンク」「カムカム果汁100%」「飲むカムカム酢」「カムカムゼリー」の各商品を販売しているが、注文が殺到し、一時的に売り切れになってしまうことも多い。

サチャインチオイル　　カムカム酢　　カムカム果汁100　　カムカムドリンク コンク　　カムカムドリンク

## 主な販売商品

● ざらめ糖
煮物、コーヒー、紅茶にどうぞ。

● 吟醸地酒・常盤松
原料米の生産から清酒醸造、販売まで、あらい農産、松岡醸造、メルカード東京農大の3社のコラボで誕生。

● たんかんじゃむ・ぽんかんじゃむ
東京農業大学短期大学部生活科学研究所の社会プロジェクト(屋久島)で製造された商品。

● 天恵のしずく
農大の教員と卒業生(比嘉酒造)が商品開発したヤムイモ焼酎。沖縄県優良県産品推奨。

● 江口文味噌
農大の江口文陽教授が開発したもの。きのこのヤマブシダケで健康維持の一助に。

● カムカムゼリー(ジャム)
ビタミンCを多く含む。お菓子の食材、パンにつけてどうぞ。

● ㈱メルカード東京農大

　㈱メルカード東京農大は、定期的に「農大マルシェ」を実施している。第1回は2013年の11月30日～12月1日に行ったが、毎月1回第3の土曜日に開催し（予定）、世田谷キャンパスを賑わせている。

　「農大マルシェ」には、福島県、群馬県、東京都、神奈川県、長野県、静岡県、愛媛県、高知県、鹿児島県、沖縄県の卒業生が賛同し、生産物を出品している。さらに、農大マルシェに関心を持った渋谷東急本店でも月1回開催している。また、メルカード野菜部の学生が生産した野菜を中心に販売。目指しているのは卒業生への支援、地域の活性化など、農大を愛してくれる消費者に食文化の基本を伝えていくことだ。

　当社の販売活動は、1. インターネット販売、2. 卸販売、3. 小売販売からなる。インターネット販売が業務の柱だが、卸販売では、世田谷キャンパス近隣のスーパーやコンビニなど合計約20の事業主や個人との卸業務を行っている。

　また、イベントへの参加も積極的で農大の入学式や卒業式、収穫祭はもちろん、2012年に玉川高島屋で開催された「まるごと東京農大」では、特別企画品が限定販売された他、教授によるトークイベントや名物の大根踊りが披露されるなどで大好評を博した。

# (株)東京農大バイオインダストリー

TEL/FAX.0152-43-7233
E-mail：info@nodai-bio.jp
Web：http://www.nodai-bio.jp

東京農業大学オホーツクキャンパス

## 日本で大きな産業へ成長する可能性を秘める
## オーストラリア原産のエミューの普及と商品開発

　㈱東京農大バイオインダストリーは、2004年4月に東京農業大学発のベンチャー企業として、生物産業学部のあるオホーツクキャンパスに本社を置き、学生、大学教員及び民間の経済人が連携するかたちで設立された。生物産業学部の教育理念の一つである「生産から加工・流通までシステム連携」を通して実践し、地元オホーツク地域の生産性向上と地産素材を活かした商品開発によって、農業の発展・振興を支援し、大学の知的財産を地域へ還元することを基本コンセプトとして運営している。

　学生社員のひとりは、「大学に入った頃は都会志向だったが、この仕事に関わって、地方がもっと頑張らなければ日本に明るい未来はないのでは、地域が元気を出すためにはどんなお手伝いができるのかということを自然と考えられるようになった」と目を輝かせる。

　当社が目指しているのは、生物産業（Bioindustry）を21世紀のビジネス・モデルとして発展させていくことだ。将来の食糧問題を考え、「農業を応援する」をテーマに、現在、農大の技術力を活かして

● ㈱東京農大バイオインダストリー

網走で飼育しているオーストラリア原産のエミューの普及と、エミューを用いた商品開発と販売に取り組んでいるユニークな会社でもある。もちろん、学生の実践的な教育研究活動の場としての役割も担っている。

エミューの飼育は1999年に当社の会長である中山冨士男が輸入した2頭のエミューから始まった。エミューは主に南半球に生息する鳥のため、北半球の寒冷地での飼育方法にはまだ未開発の部分が多い。そのため、様々なデータを取りながら実験を行ったり、孵化率を上げるために必要な適性温度、湿度、ペアリングの研究に余念がない。飼育員は、エミューの体調管理はもちろんのこと、光物に興味を持ちすぐに食べる習性があるため、針やネジ、針金の切れ端やビニールなどを場内に落とさないよう、日頃から細心の注意をはらっている。

2004年から、エミューの卵を使用し北海道産の原材料にこだわった『東京農大笑友（エミュー）生どら焼き』を地元の菓子店と連携した開発と販売を行っている。また、エミュー油のスキンケア商品の『モイスチャーオイル』、『モイスチャークリーム』、『モイスチャー石鹸』、『東京農大洗顔フォーム』、『エミューボディーソープ』、『エミューカプセル』を発売し、現在も新商品の開発を進めている。

ショッピングサイト「農大たくみ屋」と「オホーツク・網走産直みのり屋」をオープンして、網走地方の農・水産物とあわせ、当社が開発した商品を販売し、人気を集めている。

## 主な販売商品

● 笑友(エミュー)生どら焼き

独特の弾力性を持つエミューの卵を使用した断トツ1位の人気商品。

● エミューモイスチャーオイル

植物性に近い性質のエミューオイルは肌への浸透度が高くべたつきを感じない。

● 東京農大オリジナルクッキー

貴重な和種薄荷の結晶をクッキーの生地に練り込んだ爽やかな風味が特徴。

● 知床産エゾシカしゃぶしゃぶ

動物生産管理学研究チームの研究により6ヶ月間、餌を与え安心して食べて頂けます。【焼肉各種、ソーセージなど】

● 鮭太郎・鮭次郎(魚醤油)

永島教授率いる研究チームが網走産の鮭、鱒を使用して開発した魚醤油。

● 天才ビートくん(シロップ他)

オホーツク地域は甜菜(てんさい)から砂糖を生産しています。

### ㈱東京農大バイオインダストリー

　エミューはオーストラリアの国鳥で、アフリカ原産のダチョウに次いで世界で2番目に背の高い鳥類。気温差のある砂漠地帯に生息し、何万年もの間、過酷な環境を生き延びてきた生命力の強さが、北海道という北の大地での飼育を可能にしている。繁殖パターンが独特で、ひとたび繁殖期が始まると1日当たりの食物摂取量が100g未満にまで減少し、体重が約半分位にまで落ち込む。繁殖期のメスは3～4日に1度卵を産むが、抱卵を行うオスは、その間一切飲食をせず、それまでに蓄えた脂肪を消費して生活する。

　特徴の2つ目に飼育方法が挙げられる。オーストラリアでは1,000頭を2人で飼育している例があるほど、エミューの飼育は簡単だと言われている。オーストラリアでは放牧が主流だが、日本での飼育方法はまだまだ発展途上。低コストで飼育ができるエミューは新規の畜産業としても注目に値する。

　3つ目は、エミューの畜産商品としての可能性。肉は高蛋白、低カロリーで、豚肉の約4倍の鉄分を含んでおり、卵は独特の弾力性を持つ卵白が特徴。深い緑色の殻はエッグアートなどに加工され、羽根はアクセサリーとして加工されている。エミューは皮や骨、内臓にいたるまで加工品としての可能性を秘めていると言える。さらにオーストラリアでは数千年前から利用されているエミューの脂肪から取れるオイルは、日本でもスキンケア商品として大きな産業になりうるだろう。

# ㈱じょうえつ東京農大

TEL/FAX.03-5477-2721
E-mail : jnodai@jnodai.co.jp
Web : http://www.jnodai.co.jp

## 新潟県上越市の中山間地で耕作放棄地を再開発
## 米と野菜の有機農場を経営し、地域振興に尽力する

　㈱じょうえつ東京農大は、2008年4月に設立され、6年が経過した。2013年度は、2月16日に代表取締役社長の藤本彰三先生が1年近くに及ぶ病気療養の末にご逝去され、これまでに経験したことのない危機的状況を迎えた。後継社長に就任した松川太賀雄代表取締役を中心に、役員と従業員が力を合わせて事業の継続に努めている。

　2013年度には以下の取り組みを行った。第1に、有機米生産において、10a当たりの平均収量が約420kg（前年比143%）となり、過去最高の単収を実現することができた。また、初めて餅米と酒米の栽培にも取り組んだ。第2に、ソバにおいては、前年度より作付面積を2.45ha増やした。ところが、降雨の影響で10a当たり収量が36kg（前年比48%）と大きく落ち込んだ。

　第3に、野菜については、カボチャは作付面積を減らしたにもかかわらず、10a当たり収量が良好だったため、10,145玉（前年比129%）の総収量を実現した。ズッキーニは作付面積を前年の20%に押さえたが、10a当たり収量は5,132本（前年比30%）を確保した。

● ㈱じょうえつ東京農大

加工用や生食用に大量生産している大根は、降雨の影響で発芽・生育が著しく不良となり、10a当たり収量が755本(前年比20%)と過去最低を記録し、総生産量は8,868本にとどまった。

　大きな取り組みとしては、加工品の開発とそれによる売上高の増大に努めたことで、これまでに開発した『大根踊り』シリーズや『ポン酢4兄弟』を増産し、餅米と酒米を用いた切り餅や甘酒の商品化を行った。また、当社の玄ソバを使用した『農大ソバ』を開発し、4,000袋以上の販売実績を上げるにいたった。最後に、耕作放棄地発生防止活動の一環として、約1.5haの農地を新規に借入れし、経営面積を16.9haに広げた。さらに新たに2名の社員を雇用し、研修生2名を含む6人体制で営農活動を行った。

　これらの事業展開の結果、2013年度の総売上高は前年比130%となり、初めて3,000万円を超えた。しかしその一方で、売上減価や販売管理費が売上高を上回ったため、前年度以上の営業損益を計上した。営業外収入や営業外費用を加味した最終的な当期損益において黒字化を達成できなかった。赤字経営からの脱却に向けて、抜本的な経営改革が必要とされている。

　耕作放棄地の再開発と有機栽培による中山間地振興、東京農業大学との教育研究活動との連携、東京農大ブランドの確立などを目指し、試行錯誤の経営が続いているが、これまで以上の支援が求められている。

農みそ(吟醸甘口)

農大の甘酒 米心

## 主な販売商品

● 有機栽培こしひかり
南葉山系の清浄な雪どけ水で、農薬や化学肥料を一切使わずに栽培した逸品。

● 有機栽培かぼちゃ
1個の重さは約1.5キロ。ボクボクした栗のような美味しさが味わえる。

● 有機ズッキーニ
ヨーロッパで好まれている野菜。日本料理ではカレー、天ぷら、焼き野菜が美味。

● 味噌の小踊り
『だいこん踊り』シリーズの新商品。大根を寒風で干しあげ、2年間漬け込んだ。

● おろしポン酢
有機栽培した大根のおろしをたっぷりと入れたやや甘口のポン酢。

● 農大そば
(株)自然芋そばと共同開発。ルチン含量が多く、高血圧症の予防に効果的。

● ㈱じょうえつ東京農大

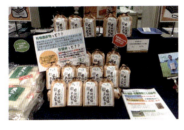

　㈱じょうえつ東京農大は、これまでにさまざまなフェアに参加しているが、特に知られているのが新宿高島屋での取り組みだ。2014年は5～6月に行われた「大学は美味しい!!」フェアに参加し、その来店者に感謝を込めて、「ご来店、いいね」ありがとうセールを引き続き行った。店頭に並んだのは、有機米ミニサイズ、農大そば、農大もち、漬物、甘酒などで多くの一般来場者に喜ばれた。

　7月には10月下旬の新米発売までの期間限定で、「有機栽培こしひかり」(5kg、通常価格4,196円)を、大放出セール価格の3,000円で発売した。10kgの購入なら、上越農場で玄米を取り置きし、指定の日時に合わせて精米したてを届けるサービスもあり、こうしたセールはお客様との距離をますます近づけていくだろう。同時に、このようなお得な情報が発信されている当社のホームページを認知させていくことも必要だ。

　有機栽培こしひかり、有機野菜、乾燥野菜、『だいこん踊り』シリーズ、ポン酢や昆布つゆなどの調味料シリーズ、ソバ、米ぬか、菓子、甘酒と商品ラインナップは充実するばかり。地域振興に尽力し、消費者と生産者の双方が安心し、満足する農業の確立を目指す、㈱じょうえつ東京農大の役割は大きい。

# 索引 ― 商品名別

|  |  |  |
|---|---|---|
|  | 100% 日本蜜蜂の蜜ろう(板) | 35 |
| あ | 会津特産 みしらず柿 | 37 |
|  | 赤米甘酒 はれのひ | 129 |
|  | 赤米味噌 ヒカリノミ | 129 |
|  | 赤米 もち玄米 | 129 |
|  | あかしや蜂蜜 | 29 |
|  | 安心院干しぶどう 各種 | 143 |
|  | 阿部水蜜 | 131 |
|  | 阿部白桃 | 131 |
|  | 荒挽ウインナ | 49 |
|  | あらびきソーセージ | 105 |
|  | あんぽ柿 | 89 |
|  | 石垣苺ジャム | 113 |
|  | 石垣苺のアイスミルク | 113 |
|  | 石垣苺のコンフィチュール | 113 |
|  | いちご | 65,109 |
|  | いちご農家のいちごジャム | 109 |
|  | 市田柿 | 103 |
|  | 魚沼産コシヒカリ | 77 |
|  | うみたてたまご | 59 |
|  | 梅シロップ | 125 |
|  | 梅干「豊の香梅」 | 145 |
|  | 江口文味噌 | 160 |
|  | 笑友(エミュー)生どら焼き | 164 |
|  | エミューモイスチャーオイル | 164 |
|  | 王さまのぶどう(有核巨峰) | 143 |
|  | お茶(日本茶) | 55 |
|  | おろしポン酢 | 168 |
|  | 温州みかん(贈答用) | 69 |
| か | カットぶなしめじ | 99 |

| | |
|---|---|
| ガツンと辛いぶっかけいくら山わさび | 25 |
| ガツンと辛い山わさび粕漬け | 25 |
| ガツンと辛い山わさび醤油漬け | 25 |
| カムカム果汁100 | 159 |
| カムカム酢 | 159 |
| カムカムゼリー（ジャム） | 160 |
| カムカムドリンク | 159 |
| カムカムドリンクコンク | 159 |
| カラフルミニトマト、クッキングトマト | 115 |
| カンダバー天ぷら | 153 |
| キタノカオリ | 27 |
| きたほなみ | 27 |
| 貴陽 | 89 |
| 吟醸地酒・常盤松 | 160 |
| 金筋トマト | 73 |
| 金筋トマトジュース（黒ラベル） | 73 |
| 雲井（くもい） | 117 |
| 健康茶 | 55 |
| 高原スムージー | 135 |
| 高原とまとジャム（赤・青） | 135 |
| 光兎もち（白） | 71 |
| 光兎もち（栃） | 71 |
| 光兎もち（豆、草、しそ、みそ） | 71 |
| 麹漬け キャベツ | 51 |
| 麹漬け 胡瓜 | 51 |
| 麹漬け 白菜 | 51 |
| 甲州やまごみそ | 93 |
| 高根みかん | 133 |
| 小梅干し | 145 |
| 小麦粉 | 61 |

|   |   |   |
|---|---|---|
|   | 小麦粉、米粉 | 67 |
|   | 米 | 37,43,75,87 |
|   | 米こうじ | 93 |
|   | 枯露柿 | 95 |
| さ | さがびより | 141 |
|   | 鮭太郎・鮭次郎（魚醤油） | 164 |
|   | 猿島茶（さしまちゃ） | 45 |
|   | サチャインチオイル | 159 |
|   | さつまいもプリン | 77 |
|   | サラダ菜 | 115 |
|   | ざらめ糖 | 160 |
|   | 三彩米 | 121 |
|   | サンふじ（りんご） | 101 |
|   | シークァーサー | 153 |
|   | しいたけ | 43 |
|   | 椎茸スープ　カプチーノ仕立て | 47 |
|   | しいたけの石づきとキクラゲの佃煮 | 43 |
|   | ジェラート | 83 |
|   | 塩フルティカ | 73 |
|   | 自家産和栗を使った栗菓子とペースト | 45 |
|   | 自家製ワイン | 47 |
|   | シナノスイート | 19 |
|   | 島バナナ＆ブラジルバナナ | 151 |
|   | 地元食材を使った薬膳ジャムとシロップ和紅茶 | 45 |
|   | ジュース | 95 |
|   | 生姜 | 137 |
|   | 知床産エゾシカしゃぶしゃぶ | 164 |
|   | 白干し梅干 | 125 |
|   | ジンジャシロップ | 137 |
|   | 信州味噌と麹 | 107 |

|  |  |  |
|---|---|---|
|  | 神明(しんめい) | 117 |
|  | 水仙花摘み | 69 |
|  | 水稲 | 53 |
|  | 鈴ひかり(こしひかり) | 101 |
|  | スズメ蜂の蜂蜜漬(天然蜂蜜入り) | 35 |
|  | スミレ・ルージュ | 91 |
|  | すもも | 97 |
|  | すももジャム | 97 |
|  | 西南紅茶ティーバッグ | 147 |
| た | 大神米 | 63 |
|  | 大豆、黒米 | 67 |
|  | タンカンみかん | 153 |
|  | たんかんじゃむ・ぽんかんじゃむ | 160 |
|  | 調味梅干 | 125 |
|  | 知覧茶 特上 | 149 |
|  | 知覧茶 深蒸し | 149 |
|  | 知覧茶 ほたる | 149 |
|  | 堤(つつみ) | 117 |
|  | つまんでご卵 | 139 |
|  | つまんでご卵ロールケーキ | 139 |
|  | 「てづくりゆきむすめ」とうふ | 23 |
|  | てまえみそのうた | 93 |
|  | 天恵のしずく | 160 |
|  | 天オビートくん(シロップ他) | 164 |
|  | 東京たまご | 61 |
|  | 東京農大オリジナルクッキー | 164 |
|  | 特栽米「自然の恵み」 | 81 |
|  | 栃蜂蜜 | 29 |
|  | ドッグラン、レンタル犬 | 69 |
|  | とまと | 41 |

| | | |
|---|---|---|
| | トマト | 67,111 |
| | トマトジャム | 111 |
| | トマトジュース「大地からのご褒美」 | 41 |
| | トマトソース | 111 |
| な | 生ローヤルゼリー | 29 |
| | 日本在来種みつばち 天然蜂蜜 | 35 |
| | 日本酒「会津娘」(純米) | 37 |
| | 庭先たまご | 59 |
| | 人参ジュースまるごと100% | 39 |
| | 人参ピューレ | 39 |
| | 農家の手造り味噌 | 23 |
| | 濃縮巨峰 | 143 |
| | 農大そば | 168 |
| | 農大の甘酒 米心 | 167 |
| | 農みそ(吟醸甘口) | 167 |
| | 野沢菜入りソーセージ | 105 |
| | 野沢菜漬三昧 | 107 |
| は | 蜂蜜 GREEN HONEY | 63 |
| | 発芽玄米 | 87 |
| | パッションフルーツ | 57 |
| | パッションフルーツ大苗 | 57 |
| | パッションフルーツジャム | 57 |
| | はっちん柿・ごまはっちん柿 | 75 |
| | ハナミズキ・ブラン | 91 |
| | ハムソーセージ各種 | 31 |
| | はるきらり | 27 |
| | 春よ恋 | 27 |
| | びわ | 151 |
| | ピンクレディー® | 19 |
| | フィオ野菜 | 63 |

| | | |
|---|---|---|
| | 豚肉 …………………………………………………… | 105 |
| | 豚肉（黄金こめ豚）各種 …………………………… | 31 |
| | ぷちぷち玄米餅 ……………………………………… | 121 |
| | ぶどう ………………………………………………… | 85 |
| | ぶどうジュース（デラウェアー） …………………… | 79 |
| | ぶどうジュース（ブラック・オリンピア） ………… | 79 |
| | ぶどうジュース（マスカット・ベリーA） ………… | 79 |
| | ぶどう畑のジャム …………………………………… | 85 |
| | ぶどう畑のジュース ………………………………… | 85 |
| | プリン ………………………………………………… | 61 |
| | フルーツジャム ……………………………………… | 75 |
| | フルーツとうもろこし ……………………………… | 103 |
| | フルーツとうもろこしスープ ……………………… | 103 |
| | フルーツトマト「朱雀姫」 …………………………… | 123 |
| | フルーツトマト「朱雀姫」ジュース ………………… | 123 |
| | ブルーベリージャム（100％） ……………………… | 33 |
| | ブルーベリージュース「かぶかぶブルーベリー」 … | 33 |
| | ブルーベリーワイン「ゴーシュの水車小屋で」 …… | 33 |
| | ベーコンスライス …………………………………… | 49 |
| | 紅生姜 ………………………………………………… | 145 |
| | 豊雪 …………………………………………………… | 147 |
| | 放牧卵 ………………………………………………… | 15 |
| | 本漬三昧 ……………………………………………… | 107 |
| ま | マウンテンバイク、クロスカントリーコース …… | 69 |
| | マスクメロン ………………………………………… | 109 |
| | 学のひのひかり ……………………………………… | 141 |
| | 麿の玉ねぎ® ………………………………………… | 99 |
| | 万歩鶏（まんぽけい）スープ ……………………… | 139 |
| | 味噌の小踊り ………………………………………… | 168 |
| | ミニトマトジュース「sun pallet」 ………………… | 41 |

|   |   |   |
|---|---|---|
| | 美の里たまご | 81 |
| | 麦類 | 53 |
| | 無農薬レモン／低農薬レモン | 133 |
| | メロン | 77 |
| | もちもち玄米シート | 121 |
| | モッツァレラチーズ | 83 |
| | 桃 | 87 |
| | 桃（白鳳・白桃・黄金桃） | 95 |
| | 森のバウムクーヘン | 15 |
| | 森のちびっこ パリパリーノ® | 99 |
| | 森のほたて パリージョ® | 99 |
| や | 野菜ピクルス | 135 |
| | 有機甘口みそ | 127 |
| | 有機玄米甘酒 | 127 |
| | 有機栽培かぼちゃ | 168 |
| | 有機栽培こしひかり | 168 |
| | 有機ズッキーニ | 168 |
| | 有機トマトジュース | 127 |
| | 有機人参 | 39 |
| | 有機米「土の詩」 | 81 |
| | ゆず酢 | 137 |
| | ゆめちから | 27 |
| | ヨーグルト | 83 |
| ら | リアルオーガニック卵 | 15 |
| | リーフレタス | 115 |
| | 緑茶 | 147 |
| | りんごジュース | 19,101 |
| | レイシ | 151 |
| | レトロぶーぶ館 | 59 |
| | ローズ・ロゼ | 91 |

| | | |
|---|---|---|
| | ロースハム | …49 |
| | 露地栽培レモン | 133 |
| わ | ワインケーキ　プレーン | …47 |
| | 和牛肉味噌 | …23 |
| | わさび漬 | 119 |
| | わさびのり | 119 |
| | わさび味噌 | 119 |
| | わら | …53 |

## 索引 — 卒業年次別

| 年次 | 氏名 | 会社名 | 頁 |
|---|---|---|---|
| 昭和39年 | 赤地　勝美 | グローバルビッグファーム(株) | 48 |
| 昭和40年 | 荻堂　盛秀 | やんばる物産(株) | 152 |
| | 髙橋　庄作 | 会津娘 髙橋庄作酒造店 | 36 |
| 昭和42年 | 本多　宗勝 | (有)ほんだ | 80 |
| 昭和43年 | 上野　　勝 | たまご工房うえの | 60 |
| 昭和44年 | 小野　　勝 | あんぽ柿作業所(小野様宅) | 88 |
| 昭和45年 | 早瀬　憲太郎 | (有)緑の農園 | 138 |
| | 亀田　文男 | 亀田農園(株) | 155 |
| | 福原　俊秀 | 農事組合法人アグリコ | 98 |
| 昭和46年 | 阿部　雅昭 | 阿部農園 | 130 |
| 昭和47年 | 磯沼　正徳 | 磯沼ミルクファーム | 154 |
| | 川村　耕史 | 川村農園 | 110 |
| | 萩原　　一 | (有)萩原フルーツ農園 | 94 |
| 昭和48年 | 松本　　茂 | 松本農園 | 68 |
| | 向山　茂徳 | 農業生産法人㈲黒富士農場 | 12 |
| 昭和50年 | 清水　豊之 | 朝日農友農場 | 86 |
| | 本　　昌康 | (有)本葡萄園 | 84 |
| | 松本　紀子 | 松本農園 | 68 |
| 昭和51年 | 東口　義巳 | (有)とぐちファーム | 122 |
| | 長畠　耕一 | 長畠農園 | 132 |
| | 村石　愛二 | ファームリゾート鶏卵牧場 | 58 |
| 昭和52年 | 鎌田　定悦 | 大和造園土木(株) | 32 |
| | 後藤　義博 | (有)山二園 | 116 |
| | 中洞　　正 | (株)企業農業研究所中洞牧場 | 154 |
| | 松田　光司 | 工房あか穂の実り | 120 |
| 昭和53年 | 新井　健一 | (株)あらい農産 | 52 |
| | 渋谷　忠宏 | 渋谷園芸 | 66 |
| | 西村　　等 | ぶどうやさん・西村 | 78 |
| | 望月　保秀 | (有)スウィートメッセージやまろく | 112 |
| 昭和54年 | 澤地　正典 | 澤地農園 | 64 |
| | 地曳　昭裕 | JBK FARM | 56 |
| | 戸梶　雅文 | (株)戸梶 | 136 |
| | 藤澤　泰彦 | 藤澤醸造(株) | 106 |
| | 法師　　励 | いるま野銘茶企業組合 | 54 |
| 昭和56年 | 一柳　徳行 | 一柳 徳行 | 100 |
| | 大嶋　康司 | (株)大嶋農場 | 154 |
| | 藤原　誠太 | 藤原養蜂場 | 34 |
| 昭和57年 | 中村　隆宣 | (有)安曇野ファミリー農産 | 16 |
| 昭和58年 | 宮原　俊郎 | (有)宮原製茶工場 | 148 |
| 昭和59年 | 浅田　譲治 | わさびの大見屋 | 118 |
| | 池上　知恵子 | (有)ココ・ファーム・ワイナリー | 46 |
| 昭和60年 | 中村　雅量 | 奥野田葡萄酒醸造(株) | 90 |
| 昭和62年 | 大木　　聡 | アルティジャーノ・ジェラテリア | 154 |
| | 針塚　重善 | (株)針塚農産 | 50 |
| 平成元年 | 石川　聖浩 | (有)一関ミート | 30 |

| 年次 | 氏 名 | 会 社 名 | 頁 |
|---|---|---|---|
| 平成2年 | 諸喜田 徹 | 農業生産法人(株)ばるず | 150 |
| | 矢野 伸太郎 | (株)矢野農園 | 144 |
| 平成3年 | 鬼澤 宏 | (有)鬼澤食菌センター | 154 |
| | 堀口 育男 | ほりぐち農園 | 124 |
| | 谷野 守彦 | 谷野ファーム | 114 |
| 平成4年 | 綱島 義光 | 綱島 義光 | 154 |
| | 綱島 淳子 | 綱島 義光 | 154 |
| 平成5年 | 高塚 俊郎 | タカツカ農園 | 74 |
| | 道山 マミ | (同)大地のりんご | 24 |
| | 本木 祐一 | アイス工房ヴェルデ | 154 |
| 平成6年 | 吉原 将成 | (有)大地 | 40 |
| 平成7年 | 髙橋 亘 | 会津娘 髙橋庄作酒造店 | 36 |
| | 野中(旧姓・大芝)三郎 | 会津娘 髙橋庄作酒造店 | 36 |
| 平成8年 | 大島 毅彦 | (有)上野新農業センター | 70 |
| | 亀田 英壮 | 亀田農園(株) | 155 |
| | 鳥谷部 良作 | 鳥谷部養蜂場 | 28 |
| 平成9年 | 川村 研史 | 川村農園 | 110 |
| | 前田 茂雄 | 前田農産食品(資) | 26 |
| | 谷野(渡辺)由紀子 | 谷野ファーム | 114 |
| 平成10年 | 澤田 篤史 | (有)澤田農場 | 22 |
| | 柴野 大造 | (株)マルガー | 82 |
| | 松本 悟 | 松本農園 | 68 |
| 平成11年 | 宮田 宗武 | (株)ドリームファーマーズ | 142 |
| 平成12年 | 上野 真司 | 虎岩 旬菜園 | 102 |
| | 潮田 武彦 | 潮田農園 | 38 |
| | 新谷 梨恵子 | (有)農園ビギン | 76 |
| | 曽我 新一 | (株)曽我農園 | 72 |
| | 馬舩 純一 | 馬舩とまとファミリー | 134 |
| 平成14年 | 笠原 高介 | (株)レッカービッセン | 154 |
| | 長畠 弘典 | 長畠農園 | 132 |
| | 難波 友子 | レッドライスカンパニー(株) | 128 |
| | 宮本 俊博 | かしまハーベスト | 108 |
| 平成15年 | 勝目 千里 | (有)勝目製茶園 | 146 |
| | 佐藤 大輔 | (有)やさか共同農場 | 126 |
| | 白浜 学 | 白浜農産 | 140 |
| 平成16年 | 五味 仁 | 五味醤油(株) | 92 |
| | 藤本 好彦 | ふじもと農園 | 96 |
| 平成17年 | 大畑 直之 | ファーム大畑 | 42 |
| | 萩原 貴司 | (有)萩原フルーツ農園 | 94 |
| 平成20年 | 後藤 裕揮 | (有)山二園 | 116 |
| 平成22年 | 鈴木 宏太郎 | 丸太園 | 44 |
| | 舩木 翔平 | (株)フィオ | 62 |
| 平成23年 | 早瀬 憲一 | (有)緑の農園 | 138 |
| 平成25年 | 林 双葉 | (有)ハヤシファーム | 104 |

## 食農の匠 東京農大魂 逸品堂シリーズ❷　　　定価：本体2000円＋税

2015（平成27）年2月15日　第1版 第1刷 発行

　　　　　　　　　　　企画編集：東京農業大学校友会
　　　　　　　　　　　　　　　　会長　三好 吉清
　　　　　　　　　　発　　　行：一般社団法人東京農業大学出版会
　　　　　　　　　　　　　　　　代表理事　進士 五十八
　　　　　　　　　　　　　　　　〒156-8502 東京都世田谷区桜丘1-1-1
　　　　　　　　　　　　　　　　TEL.03-5477-2666　FAX.03-5477-2747

ISBN978-4-88694-444-3　C0077　¥2000E